なっとくする群・環・体

合同の概念の背後には、「合同な図形」を結びつける〝変換〟の概念が隠れている。古典的な幾何学では、「ずらす」とは「長さと角度を変えない平行移動、回転と裏返し、およびそれらの組み合わせ」で、イメージとしては「動かしても形が変わらない物体（剛体）」を考えているのである。

「変換」の意味を変えると、合同の新しい概念が生まれる。たとえば、正確な定義は難しいが、図形をずらすときに「線の長さや形は変えてもよい――直線を折れ線・曲線に変えてもよい――が、切ったりつないだり、また交差させることはできない」とすると（伸縮自在の〝軟体〟が相手!）、三角形は円と〝合同〟になるが、線分とは〝合同〟ではない。

許される変換の集合は、実は〝群〟（変換群）になるので、古典的な多くの幾何学を群論によって統一的に記述することができる。それがドイツの数学者クライン(1849―1925)の有名なエルランゲン計画である。

野崎昭弘

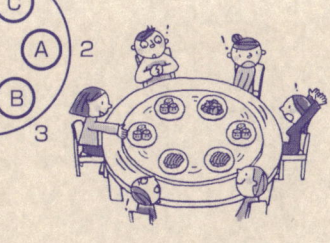

multiplication table for $\mathbb{Z}_2[X]/(X^2+X+1)$

	0	1	X	$X+1$
0	0	0	0	0
1	0	1	X	$X+1$
X	0	X	$X+1$	1
$X+1$	0	$X+1$	1	X

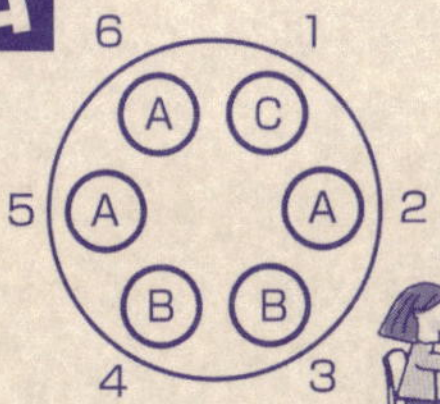

講談社

まえがき

　本書は「群・環・体」という，代数学の3つの基本概念の入門書である．理学部数学科では，これらの概念は「代数学」というような一般的な名前の授業科目で扱われると思うが，工学部では「群・環・体」という名前の授業科目もある．抽象的・理論的な代数学でなく，何らかの応用を意識して，これらの概念に光を当てたいためであろう．本書ではどちらかと言うとあとの立場，すなわち「群・環・体を道具として使う人々」に読みやすいことをめざして，まとめてみた．

　心がけたことの第一は「なるべく少ない予備知識で読めること」であった．具体的にいえば，微分積分や線形代数の知識は，なくてもすむようにした．そのため「代数方程式が重解をもつための条件」（多項式の微分を使う）や，行列環の話，拡大体の「線形空間としての次元」の話は省略してしまったが，その分，要点が近づきやすくなったのではないか，と期待している．

　次に苦心したことは，達成感をどのように味わっていただくか，ということであった．もともと「道具としての群・環・体」は，使ってみなければほんとうのありがたみは感じられないので，あとで必要な知識を提供しよう，というのは，お料理学校で言えば「包丁を研ぐ」段階の指導をするようなものである．「あとでありがたみがわかる，だいじな修業だ」といっても，説得力は薄いであろう．昔工学部で教えていたとき，卒論段階の4年生が「1，2年のとき，数学をもっとちゃんと勉強しておけばよかった」と嘆くのをよくきいたが，ちゃんと勉強させられなかった教師としては，耳が痛い部分もあった．だからといって早い段階でたとえば符号理論まで踏み込むのは，それなりにページ数を食うことであるし，応用は符号理論だけではないことも，やりにくいところである．

そこで本書のスタンスとしては，「抽象的な概念に慣れる」（包丁を研ぐ）ことをめざしながら，整数の話や多項式の計算など，なるべく具体的な話題をまず取り上げ，それから

(1) 具体的な問題とつながる定理を学ぶ，
(2) いろいろな事柄が，代数系の一般論によってまとめて扱えることを知る，
(3) 抽象的なレベルで証明したことが，具体的な対象の構成に役立つ例を見る

というようなところで，それぞれ達成感を味わっていただけないか，と期待して，次のような話題を取り入れてみた．

(1)としては，第2章のフロベニウスの定理，
(2)としては，第3章で「整数と多項式が，ユークリッド整域の理論で，まとめて扱える」こと，
(3)としては，第3章〜第4章で，数学的にひじょうにおもしろい「商環の理論」が，複素数体の導入や，有限体を作り出すのにドンピシャリ役に立つこと．

しかし何といっても「包丁を研ぐ」段階であるから，必要な人にとっての微分方程式論のように，明快な目標のもとで役に立つ道具を学ぶような気分にはなれないであろう．それは「群・環・体」という表題のもとで解説を書かなければならない本書の宿命でもあるので，著者の腕が悪いこともあるにせよ，読者の皆様にも面倒なところは読み飛ばしてあとで戻ったり，おもしろそうなところはじっくり読んでみるなど，なるべく粘り強く，投げずにおつきあいいただきたい．数学というものは，「わかってしまえばあたりまえ」のことが多いので，粘ってよく考えて「なんだ，そういうことか」とわかったときのうれしさは格別であるし，群・環・体にはそうい

ううれしさのタネはたくさん散らばっていると思う．ご協力を切にお願いしたい．

2011 年 1 月

野﨑昭弘

なっとくする群・環・体 目次

まえがき i

第1章 集合・関数と初等整数論——すべての基礎は整数にあり ... 1

1.1 　集合 1
 1.1.1 　集合とその記法 1
 1.1.2 　集合算 4
 1.1.3 　有限集合と要素の個数 5
1.2 　関数 8
 1.2.1 　関数とその記法 8
 1.2.2 　いろいろな関数 11
1.3 　初等整数論 16
 1.3.1 　自然数 16
 1.3.2 　整数 22
 1.3.3 　ユークリッドの互除法 25
 1.3.4 　合同式 31
 1.3.5 　同値関係と同値類系 37

第2章 群の理論——似ているものをひっくるめる理論 47

2.1 　合同と変換 47
2.2 　変換と同値関係 52
2.3 　置換群と同値関係 58
2.4 　一般の群 70
2.5 　部分群と正規部分群 76

| 第 3 章 | 環の理論——整数と多項式はおんなじだ，という理論 89

3.1 多項式と加減乗除 90
3.2 環とは何か 94
3.3 特殊な環 102
 3.3.1 整域 103
 3.3.2 体 104
 3.3.3 ユークリッド整域 106
3.4 イデアルと商環 123
3.5 環の拡大と準同型 129

| 第 4 章 | 体の理論——代数方程式論と符号理論の土台 135

4.1 体の基礎 136
 4.1.1 体とは何か 136
 4.1.2 体の基本性質 137
 4.1.3 体の同型・準同型 139
4.2 新しい体の構成 141
 4.2.1 分数の体 141
 4.2.2 有理式体 145
 4.2.3 要素の添加による拡大 147
 4.2.4 商環による体の拡大 152
4.3 有限体 160
 4.3.1 有限体・位数・標数 160
 4.3.2 商環による有限体の構成 167
 4.3.3 一般の有限体 173

付録　代数方程式論とは 177

あとがき 185
参考文献 187
索引 190

装丁／海野幸裕　イラスト／すみもとななみ

第1章
集合・関数と初等整数論
—すべての基礎は整数にあり—

群・環・体は，どれも抽象的な概念であるが，たくさんのよい具体例を含んでいて，

① それらに共通する性質をまとめて証明できる，
② 本質的な部分がよくわかる，
③ それによってはじめて見えることがある

などという利点がある．しかしいきなり一般的な話をしても理解しにくいので，わかりやすい具体例として「整数」を取り上げ，その性質をある程度詳しく調べておきたい．また本書では，集合と関数の記法を自由に使いたいので，準備としてそれらの説明を最初にまとめておく．すでによくご存じの方は，復習のつもりでざっと目を通しておけば十分である．なお1.3節・初等整数論の後半には「合同式」や「同値関係」など，高校では教えられない事柄も出てくるので，そのあたりは急がずゆっくり読んでおいていただきたい．

1.1 集合

1.1.1 集合とその記法

数学の土台は「定義」である——正確な定義の上に，厳密な理論が組み立てられ，それが現代科学技術の基礎となっているのである．そしてその

「正確な定義」のために，集合の記法がひじょうによく使われている．代数学の精華・ガロア理論も，集合の記法なしには考えられない．ほんとうのありがたみは，そこまで進まないとわかりにくいと思うが，ここで集合にかかわる基本的な概念・記法のおさらいをしておきたい．

集合とは，ものの集まりのこと——とよく言われるが，頭の中で集めるだけでよいので，実際に「集める」必要はない．「どんなものの集まりか」の範囲がはっきりしていればよいので，「コンピュータの基本信号 0 と 1 の集合」とか，「すべての整数（無限にある！）の集合」などを，自由に考えることができる．

集合も 1 つの「もの」（思考の対象）なので，これに名前をつけて，0 と 1 だけの集合 $\mathbb{B}$ とか，すべての整数の集合 $\mathbb{Z}$ などと呼ぶ．集合，たとえば $\mathbb{B}$ の中に集められている個々のもの 0, 1 を，集合 $\mathbb{B}$ の**要素**といい，0 が集合 $\mathbb{B}$ の要素であることを，記号

$$0 \in \mathbb{B}$$

で表し，「0 は集合 $\mathbb{B}$ に**属している**」という．また「3 は集合 $\mathbb{B}$ の要素**でない**」（3 は集合 $\mathbb{B}$ に**属していない**）ことは，次の記号で表す：

$$3 \notin \mathbb{B}$$

集合 $\mathbb{B}$ の要素はどちらも整数なので，集合 $\mathbb{Z}$ の要素でもある．このようなとき「$\mathbb{B}$ は $\mathbb{Z}$ の**部分集合**である」とか「$\mathbb{Z}$ は $\mathbb{B}$ を含む（$\mathbb{B}$ は $\mathbb{Z}$ に含まれる）」などといって，記号

$$\mathbb{B} \subseteq \mathbb{Z}$$

で表す．

便宜上，要素が何もない「空っぽ」の集合も考え，**空集合**と呼んで，記号 ϕ（ギリシャ文字ファイの小文字）で表す．

新しい集合を定義するには，2 つの記法がある．

(1) **列挙型**： すべての要素の名前を列挙して，全体を中括弧 { } で囲む．

〈例〉

$$\mathbb{B} = \{0, 1\}$$

無限集合は列挙しきれないので，"…"を援用して

$$\mathbb{Z} = \{0, \pm 1, \pm 2, \pm 3, \cdots\}$$

と書くこともある——"…"の部分は，好意的に解釈してもらうのである．

(2) **条件型**： 要素を表す記号または式と，それがみたすべき条件を，タテ棒"|"で区切って書き並べ，全体を中括弧 { } で囲む．

〈例〉

$$E = \{2n \mid n \in \mathbb{Z}\}$$

これは「整数 n によって，$2n$ と表せるような数の集合」を表しているので，もちろん「偶数の集合」になる．しかしこの定義の中で「偶数」という言葉は使っていないので，

　　　E の要素を偶数という

というように，集合 E に基づいて偶数の概念を定義することができる．この例では簡単すぎるが，現代数学では新しいこみいった概念を正確に定義するために，このような形で集合の記法を利用することが多い．

　集合はいろいろなしかたで定義できるが，集められている要素の範囲が結果的に同じなら，同じ集合であるとみなす．

〈例〉

3以上9以下の奇数の集合 $A = \{k \in \mathbb{Z} \mid 3 \leqq k \leqq 9$ で k は奇数$\}$,
2以上11未満の奇数の集合 $B = \{n \in \mathbb{Z} \mid 2 \leqq n < 11$ で n は奇数$\}$,
$C = \{3, 5, 7, 9\}$

A も B も,表現は違うが要素の範囲は C と一致するので,集合としては

$$A = B = C$$

とみなす.だから集合 A, B の一致($A = B$)を示すには,次のことを証明してもよい(これはひじょうによく使われる):

言葉でいえば: A の要素はすべて B の要素でもあり,逆も成り立つ.
式で書けば: $A \subseteq B$ でしかも $B \subseteq A$

1.1.2 集合算

すでにわかっている集合から,新しい集合を構成する演算もいろいろある.

(1) **和:** 集合 X, Y の要素をすべて寄せ集めた(そしてそれ以外のものは要素ではない)集合を X と Y の**和集合**といって,記号 $X \cup Y$ で表す.

〈例〉

$\{1, 2, 4\} \cup \{1, 3, 4, 5\} = \{1, 2, 3, 4, 5\}$
結婚可能な人の集合 = (20歳以上で未婚の男女の集合)
  ∪ (18歳以上20歳未満で父母が結婚を認めた未婚の男性の集合)
  ∪ (16歳以上20歳未満で父母が結婚を認めた未婚の女性の集合)

(2) **積**： 集合 X, Y の共通要素をすべて集めた集合を X, Y の**積集合**といって，記号 $X \cap Y$ で表す．

⟨例⟩

$\{1, 2, 4\} \cap \{1, 3, 4, 5\} = \{1, 4\}$

体言の集合 = 自立語の集合 ∩ 活用のない語の集合，

用言の集合 = 自立語の集合 ∩ 活用のある語の集合

なお「集合 X と集合 Y には，共通要素がない」ことは，積集合と空集合を組み合わせて，次のように短く書ける： $X \cap Y = \phi$

(3) **直積**： 集合 X, Y から要素 $x \in X$, $y \in Y$ を選んで作ったペア (x, y) を，すべて集めた集合を，X, Y の**直積**といい，記号 $X \times Y$ で表す．

⟨例 1⟩

$\{源, 平\} \times \{清盛, 頼朝\} = \{(源, 清盛), (源, 頼朝), (平, 清盛), (平, 頼朝)\}$

⟨例 2⟩

2 次元座標，すなわち実数のペア (x, y) をすべて集めた集合 $= \mathbb{R} \times \mathbb{R}$

これはよく $\mathbb{R}^2$ と略記される．

> 問 次の集合は，どんな集合になるか？
> (ア) $\{1, 2, 3\} \cup \{2, 4, 6\}$ (イ) $\{1, 2, 3\} \cap \{2, 4, 6\}$
> (ウ) $\{0, 1\} \cup \phi$（空集合） (エ) $\{0, 1, 2\} \cap \phi$

1.1.3 有限集合と要素の個数

集合 $\mathbb{B}$ とか $\{2, 4, 6\}$ のように，要素が有限個しかない集合を**有限集合**という．特殊な場合として，空集合も有限集合に含める（0 個は有限個！）．

有限集合 S の要素の個数を，本書では記号 $|S|$ で表すことにする．

〈例〉

$$|\{2, 4, 6\}| = 3, \quad |\phi\,(\text{空集合})| = 0$$

次の公式は，確率論や組み合わせ論でひじょうによく使われる（本書でもあとで使う）．

事実 1 有限集合 X, Y を考える．

(1) $|X \cup Y| = |X| + |Y| - |X \cap Y|$
(2) 特に $X \cap Y = \phi$ であれば，$|X \cup Y| = |X| + |Y|$

公式(1)は，たとえば「メタボの人と高血圧の人」が呼び出されたとき，全体の人数は

メタボの人の数と，高血圧の人の数を加え，
ダブって数えられている「メタボで高血圧の人」の数を引けばよい

のであたりまえ，と言える．(2)も $|\phi| = 0$ から当然である．

〈例題〉 健康管理室が，次の社員のリストを作成した．

A： タバコを吸う社員
B： 週 4 日以上晩酌をする社員

A グループが 12 人，B グループが 18 人とすると，それらをあわせた全体の人数はどれくらいか．

〈正解〉 正確な人数は，不明である——$|A \cap B|$, すなわち

タバコも吸うし週4日以上の晩酌もする社員

の人数がわからなければ，何とも言えない．しかし

$$0 \leqq |A \cap B| \leqq |A|, |B| \text{の小さいほう} = 12$$

であるから，

$$(12+18) - 12 \leqq |A \cup B| \leqq (12+18) - 0$$

したがって

$$18 \leqq |A \cup B| \leqq 30$$

ということは言える．

〈応用〉 集合 X の部分集合 $X_1, X_2, \cdots, X_m$ について，条件

(1) $X = X_1 \cup X_2 \cup \cdots \cup X_m$
(2) $j \neq k$ ならば $X_j \cap X_k = \phi$

が成り立つならば，

$$|X| = |X_1| + |X_2| + \cdots + |X_m|$$

これは，記号に慣れていないとわかりにくいかもしれないが，

$A:$ タバコを吸う女子社員 2名，
$B:$ タバコを吸わない女子社員 16名，
$C:$ タバコを吸う男子社員 8名，

$D:$ タバコを吸わない男子社員　12 名

というような例を考えれば，明らかであろう——どの集合も共通要素がなく，どの社員もこれらの集合のどれかに属しているのだから，

全社員の人数 $= 2 + 16 + 8 + 12 = 36$

というだけのことである．

1.2　関数

1.2.1　関数とその記法

「関数」とは，一種の対応関係のことであるが，まず簡単な例をいくつか挙げておこう．

〈例 1〉　物理的な関数： ビルの上からボールを落とすと，落としてからの時間 t を決めれば，落下距離 h が決まる．

〈例 2〉　式で表される関数： 変数 x, y の間の，次の式で表される関係：

$$y = 3x^2 - 5x - 2$$

注意　数式を書くときには，慣習に従って乗算記号を省略する（記号 "·" で表すこともある）．

〈例 3〉　人工的な関数： 誰にどんな賞品をあげるかを，あみだくじで決めた結果： 次ページの図 1 に示すような例．

図1 〈例3〉の結果

これらのように,「……を決めると, ～～が決まる」という対応関係を, **関数関係**というのである.先に決める"……"を**変数値**, それに対応して決まる～～を**関数値**という.

〈反例〉 親子関係は, 複数人の子がいる親がいるので, 関数関係とは言えない.

「……を決めると, ～～が決まる」関数を1つ定義するには, 形式的には次の構成要素を指定しなければならない.

(1) 先に決める要素"……"の集合 X ——これを**定義域**という.
(2) 対応して決まる要素"～～"の範囲を表す集合 Y ——これを**値域**という.
(3) 個々の $x \in X$ ごとに, 対応する唯一の要素 $y \in Y$ を定める規則(方式, 手順) f

これらの組を「X から Y への関数 f」といって,

$$f : X \to Y$$

で表す．また関数 $f : X \to Y$ によって「$x \in X$ に対応する要素 $y \in Y$」を，記号 $f(x)$ で表す．

この記法 $f : X \to Y$ は，ただ「f は X から Y への関数である」ことしか示しておらず，具体的にどのような対応づけを行う関数であるかは，別に f の内容を（数式・数表あるいはあみだくじなど，何らかの手段で）示さなければならない．

〈例〉 上の例 3 のあみだくじによる対応を A とすると，A は $X = \{$ハルノ, ナツカワ, アキヤマ$\}$ から $Y = \{$沖縄旅行, 牛肉セット, 歌舞伎招待券$\}$ への関数で，

$A(ハルノ) = 歌舞伎招待券,$
$A(ナツカワ) = 牛肉セット,$
$A(アキヤマ) = 沖縄旅行$

である．

なお「示しかた」は問題ではなく，式であろうと数表であろうと，同じ対応関係が指示されていれば「関数として同じである」とみなす．

〈例〉 $f(x) = 3x^2 - 5x - 2$ と $g(x) = (3x - 5) \cdot x - 2$ とは，式は違うが，同じ変数値に対する関数値はいつでも一致するので，「同じ関数が定義されている」と考えて $f = g$ と書く．

記法 $f(x)$ はとても便利で，次のような利点がある．

(ア) **速記術として：** 一度たとえば

$$f(x) = 3x^2 - 5x - 1$$

のように定義しておけば，x に $0,\ 7,\ \sqrt{2}$ を代入した

$$3 \cdot 0^2 - 5 \cdot 0 - 1, \quad 3 \cdot 7^2 - 5 \cdot 7 - 1, \quad 3(\sqrt{2})^2 - 5\sqrt{2} - 1$$

を,

$$f(0), \quad f(7), \quad f(\sqrt{2})$$

のように短く書ける.

(イ) 一般的な条件を書き表す： たとえば「変数値が大きくなると，関数値も必ず大きくなる」(**単調増加**) という条件は，任意の関数 f に対する条件として，次のように簡単明瞭に書ける：

$$x_1 < x_2 \quad \text{ならば} \quad f(x_1) < f(x_2)$$

1.2.2 いろいろな関数

関数 $f: X \to Y$ と $g: Y \to Z$ のように，一方の値域が他方の定義域と一致する場合には，**合成関数** $g \cdot f : X \to Z$ が次のように定義できる：

$$g \cdot f(x) = g(f(x))$$

f, g, h がどれも X から X 自身への関数であれば，それらの間の合成が，自由に何回でも定義できる：

$$g \cdot f : X \to X, \quad h \cdot (g \cdot f) : X \to X, \quad h \cdot (h \cdot h) : X \to X$$

そして次の法則が成り立つ.

事実 2（結合法則）

$$h \cdot (g \cdot f) = (h \cdot g) \cdot f$$

ここで括弧は「どちらの合成を先にするか」を指定している．たとえば $h \cdot (g \cdot f)$ は，まず $z = (g \cdot f)(x)$ を計算し，それに基づいて

$$h(z)$$

を求めることを指示している．また $(h \cdot g) \cdot f$ は，まず $y = f(x)$ を計算し，それに基づいて

$$(h \cdot g)(y)$$

を求めることを指示している．しかし結果はどちらも

$$h(g(f(x))$$

になるので，これらの関数 $h \cdot (g \cdot f)$ と $(h \cdot g) \cdot f$ とは，関数として一致する——それがこの"結合法則"の趣旨である．

注意 交換法則 $g \cdot f = f \cdot g$ は，特殊な場合しか成り立たない．

ところでさきほどのあみだくじで定義された関数 $A : X \to Y$ は，次の条件もみたしている．

(#1) **1対1である**： どの $y \in Y$ にも，対応している X の要素は高々 1 つしかない——いいかえれば，

$$\text{もし}\quad A(x_1) = A(x_2) \quad \text{ならば，実は} \quad x_1 = x_2$$

(#2) Y **の側に対応もれがない**： すべての $y \in Y$ に対して，$A(x) = y$ をみたす x が少なくとも 1 つある．

注意 あみだくじがいつも「1対1で対応もれがない」ことは，次のことからわかる：

(#1) 1対1：どの交点でも，合流はない（上からは横に，横からは下に進む）．

(#2) 対応もれなし：下から逆向きにたどれば，「どこからそこに行くか」がわかる．

〈参考例〉　図2は関数 f, g による対応を，矢印で示している：たとえばヘンデルからイギリスに行く矢印は，$f(\text{ヘンデル}) = \text{イギリス}$ であることを表している．

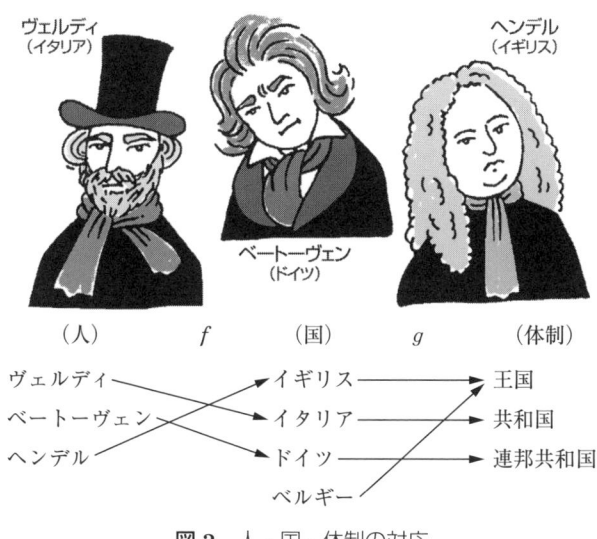

図2　人 - 国 - 体制の対応

(人) から (国) への関数 f は，1対1ではあるが，(国) の側に対応もれがある（$f(x) = \text{ベルギー}$ をみたす x がない）．また (国) から (体制) への関数 g は，(体制) の側に対応もれはないが，1対1ではない（$g(\text{イギリス}) = g(\text{ベルギー})$）．しかし合成関数 $g \cdot f : (\text{人}) \to (\text{体制})$ は，1対1で対応もれがない．

注意　定義域 X の側に対応もれがなく，「個々の $x \in X$ ごとに対応する唯一の要素 $y \in Y$ が決まっている」ことは，関数の定義に含まれて

いる.

(#1), (#2) をみたす「**1 対 1 で対応もれがない関数**」A には,

$$各\ y \in Y\ \text{に},\ y = A(x)\ \text{をみたす}\ x \in X\ \text{を対応させる}$$

という,いわゆる**逆関数**

$$A^{-1} : Y \to X$$

が定まって,次の性質をみたす:

① すべての $x \in X$ について,$A^{-1}(A(x)) = x$
② すべての $y \in Y$ について,$A(A^{-1}(y)) = y$

〈例〉

$$(g \cdot f)^{-1}(王国) = ヘンデル, \quad (g \cdot f)^{-1}(共和国) = ヴェルディ,$$
$$(g \cdot f)^{-1}(連邦共和国) = ベートーヴェン$$

なおこの例では,f^{-1} や g^{-1} は定義できない.

関数 A と逆関数 A^{-1} に対して,合成関数 $A^{-1} \cdot A : X \to X$, $A \cdot A^{-1} : Y \to Y$ はどちらも「変数値を動かさない」:$A^{-1} \cdot A(x) = x$, $A \cdot A^{-1}(y) = y$ ので,**恒等関数**と呼ばれる.

$Y = X$ である場合,1 対 1 で対応もれのない関数は「X の要素の並べ替え」を定めるので,X 上の**置換**と呼ばれる.置換 σ が恒等関数 ($\sigma(x) = x$) であれば**恒等置換**,置換 σ の逆関数 σ^{-1} は**逆置換**と呼ばれる.

〈例〉 $X = \{1, 2, 3, 4, 5, 6, 7\}$ に対して,あみだくじによって定められる次の関数 $\sigma : X \to X$ は,$X = \{1, 2, 3, 4, 5, 6, 7\}$ 上の置換である(結果を表の形でも書いておく).

第 1 章 集合・関数と初等整数論—すべての基礎は整数にあり—

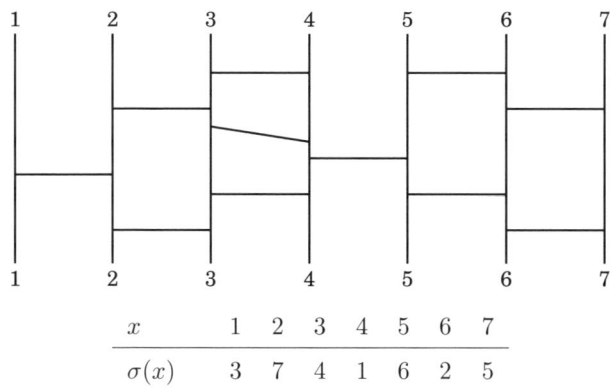

x	1	2	3	4	5	6	7
$\sigma(x)$	3	7	4	1	6	2	5

これを下から辿れば，逆置換（逆関数）σ^{-1} がわかる．結果を表の形で書くと，次のようになる（2通り示す）．

(A) σ の表の，上下段を入れ替える（逆の対応だから，これでよい）：

x	3	7	4	1	6	2	5
$\sigma^{-1}(x)$	1	2	3	4	5	6	7

(B) (A) の変数値を小さい順に整えた形：

x	1	2	3	4	5	6	7
$\sigma^{-1}(x)$	4	6	1	3	7	5	2

なお置換はギリシャ文字 σ（シグマ），τ（タウ），μ（ミュー），ν（ニュー）などで表す習慣がある．特に恒等置換（英語では identity）は，i に相当するギリシャ文字 ι（イオタ）で表される．

任意の置換 μ, ν, τ について，もし

$$\mu \cdot \tau = \nu \cdot \tau \quad (\text{あるいは } \tau \cdot \mu = \tau \cdot \nu)$$

であれば，同じ側の τ をいわば「約」して，

$$\mu = \nu$$

を導くことができる（**簡約法則**）．それは最初の等式の両辺に τ^{-1} を施せば

$$\text{左辺} = (\mu \cdot \tau) \cdot \tau^{-1} = \mu \cdot (\tau \cdot \tau^{-1}) = \mu \cdot \iota = \mu,$$
$$\text{右辺} = (\nu \cdot \tau) \cdot \tau^{-1} = \nu \cdot (\tau \cdot \tau^{-1}) = \nu \cdot \iota = \nu$$

となることから，明らかである（$\tau \cdot \mu = \tau \cdot \nu$ についても同様）．

1.3　初等整数論

この節の目的は，群・環・体の理論で学ぶ抽象的な概念の具体例を，先に見ておくことである．前半は高校までに習う知識と重なっているが，後半では大学ではじめて学ぶ事柄が多い．

1.3.1　自然数

自然数とは，ものを数えるときに使う，$1, 2, 3, \cdots$ という数のことである．自然数全体の集合を，記号 $\mathbb{N}$ で表す：

$$\mathbb{N} = \{1, 2, 3, \cdots\}$$

自然数の集合 $\mathbb{N}$ には加減乗除が定義できるが，自由にできるのは加算・乗算だけで，減算と除算はできない場合がある．たとえば $3 - 8$ や $12 \div 7$ は，自然数の範囲では答えがない．$12 \div 3 = 4$ のように割り算ができる（割り切れる）場合もあるが，その場合は「12 は 3 の**倍数**である」，「3 は 12 の**約数**である」という．一般に $m = p \times q$ のように，ある自然数 m が他の自然数の積に分解できるとき，p, q は m の約数で，m は p, q の倍数になる．

〈例〉　12 の約数は 1, 2, 3, 4, 6, 12 で，12 はこれらの数の倍数である．

1と自分自身以外に約数をもたない2以上の自然数を，**素数**という．たとえば 2, 3, 5, 7 は素数であるが，$4 = 2 \times 2$（2で割り切れる），$6 = 2 \times 3$（2と3で割り切れる），$9 = 3 \times 3$（3で割り切れる）など「1と自分自身以外の約数がある」数は**合成数**と呼ばれる．なお1は，素数でも合成数でもない，特別の数である．

　ある範囲の素数の表を作るには，次のような方法がある（**エラトステネスの篩**）．まずある大きさまでの，2以上の自然数をリストアップして，次の作業を繰り返す．

　① 　リストの中で消されずに残っていて，○もついていない最初の数に，○をつける．
　② 　今○をつけた数の倍数を，リストから消して，①に戻る．

残っている数にみな○がついていれば，作業は終了で，残った数はすべて素数である．

〈例〉　30までなら，まず

　　　2,　3,　4,　5,　$\cdots$,　29,　30

というリストを作り，最初の数2に丸をつけ，2の倍数を消す：

　　　○2,　3,　4̸,　5,　6̸,　7,　8̸,　9,　$\cdots$,　2̸8̸,　29,　3̸0̸

次は消されずに残っていて，○のついていない最初の数3に○をつけ，3の倍数を消す（なおここでは「消す」ことを斜線で示しているので，同じ数に2度以上斜線を引かなくてよい）：

　　　○2,　○3,　4̸,　5,　6̸,　7,　8̸,　9̸,　$\cdots$,　2̸8̸,　29,　3̸0̸

これを行き詰まるまで続けると，次のようなリストができる：

$\circ$2, $\circ$3, ̸4, $\circ$5, ̸6, $\circ$7, ̸8, ̸9, ̸10,
$\circ$11, ̸12, $\circ$13, ̸14, ̸15, ̸16, $\circ$17, ̸18, $\circ$19, ̸20,
̸21, ̸22, $\circ$23, ̸24, ̸25, ̸26, ̸27, ̸28, $\circ$29, ̸30

残った 2, 3, 5, 7, 11, 13, 17, 19, 23, 29 が，30 以下の素数のすべてである．

> **補足** エラトステネスは紀元前 3〜2 世紀に活躍したギリシャの数学者・天文学者・地理学者で，「2 つの地点で，太陽が井戸の真上に来る時刻の差」から地球の大きさを計算したことで有名である．ついでながら当時すでに学者の間では，地球が球体で「静止した水面は，地球の中心を中心とする球面である」ことまで知られていた．彼の「篩」の方法は，素数の倍数を消してゆくだけの「原始的な方法」という人もいるが，なかなかどうして，コンピュータに素数をリストアップさせるための，今でも有力な方法である．ただいろいろな工夫はあって，手計算でも知っていると便利なのは，次のようなことである．
>
> ① 2 が素数であることはすでにわかっているとして，最初から偶数は消して，奇数だけのリストを作る．
>
> ② $\circ$がついた数 p の倍数（奇数倍）を消すとき，「p 以上の数」倍を消せばよい：7 の倍数を消すとき，3×7 や 5×7 はすでに消されているので，7×7 から先を消せばよい．
>
> ③ N までの素数のリストを作りたいとき，新しく$\circ$がついた数 p の 2 乗 p^2 が N を超えたら，そこでやめてよい——残っている数は，$\circ$がついていてもいなくても，すべて素数である．
>
> 〈例〉 $N = 30$ の場合は，5 の倍数までを消せば，$7^2 > 30$ だから，そこから先に残っている 7, 11, 13, 17, 19, 23, 29 はすべて素数である．

素数については，次の事実が基本的である（定理 1 の証明は省略するが，定理 2 の証明は第 3 章で行う）．

> **定理 1**　素数は無限に存在する．

> **定理 2（素因数分解の一意可能性）**　2 以上のどんな自然数も，素数の積で表せる．しかもその積は，掛け算の順序を除いて，ただ 1 通りである．

〈例〉　$2 = 2$（1 個の素数の"積"とみなす）

ずるいようであるがそうしておけば，定理を次のようにいいかえなくてすむ：2 以上のどんな自然数も，素数であるかまたは素数の積で表される．

$$12 = 2 \times 2 \times 3 = 2^2 \times 3, \quad 60 = 2 \times 2 \times 3 \times 5 = 2^2 \times 3 \times 5, \quad \text{など．}$$

右辺に現れる素数を素因数というが，小さい順に並べると，いつでも同じ形になる．

>　**注意**　1 を素数に含めると，素因数分解の一意性が成り立たなくなる：
> $$12 = 2^2 \times 3 = 1 \times 2^2 \times 3 = 1^2 \times 2^2 \times 3 = 1^3 \times 2^2 \times 3 = \cdots$$

> **問**　自然数 36 を素数の小さい順の積で表しなさい．

ところで

　　12 の約数は　1, 2, 3, 4, 6, 12,
　　18 の約数は　1, 2, 3, 6, 9, 18

であるが，12 と 18 に共通する約数 1, 2, 3, 6 を「12 と 18 の**公約数**」といい，そのうちの最大数 6 を「12 と 18 の**最大公約数**」という．なお最

大公約数が 1 である場合，たとえば 7 と 24 は，「**互いに素**である」という．

〈例〉 25 と 28 は，互いに素である（たしかめてください）．異なる素数，たとえば 7 と 13 は，1 以外の公約数がなく，互いに素である．

素数 p（たとえば 13）と，p で割り切れない数 m（たとえば 24）は互いに素である．実際 p と m の公約数は，p の約数だから 1 か p しかないので，p が m の約数でなければ，p と m の最大公約数は 1 である．

一方，

    12 の倍数は　12, 24, 36, 48, 60, 72, 84, 108, $\cdots$
    18 の倍数は　36, 54, 72, 90, 108, $\cdots$

であるが，それらに共通の数

    $36, 72, 108, \cdots$

を 12 と 18 の**公倍数**といい，その中で最小の 36 を「12 と 18 の**最小公倍数**」という．

公約数・公倍数に対しても定理 2 は強力で，いろいろな事柄をわかりやすくしてくれる．まだ証明はしていないが，その威力をここで少し見ておこう．

〈例題〉 自然数 m, n の少なくとも一方に含まれる素因数を

    $p_1, p_2, \cdots, p_k$

とすると，m, n は，次のように表せることを示せ：

    $m = p_1{}^{r_1} p_2{}^{r_2} \cdots p_k{}^{r_k}$
    $n = p_1{}^{s_1} p_2{}^{s_2} \cdots p_k{}^{s_k}$

〈解〉 たとえば $1260 = 4 \times 9 \times 5 \times 7$, $1560 = 8 \times 3 \times 5 \times 13$ については,

$$1260 = 2^2 \cdot 3^2 \cdot 5^1 \cdot 7^1 \cdot 13^0,$$
$$1560 = 2^3 \cdot 3^1 \cdot 5^1 \cdot 7^0 \cdot 13^1$$

のように,「含まれていない素数 p については, p^0 を付け加えればよい」ので, 明らかであろう.

> **事実3** m が n の倍数であるための必要十分条件は, 上の例題のような表示において, すべての素因数 p_j の指数 r_j, s_j の間に次の不等式が成り立つことである:
>
> $$r_j \geqq s_j$$

〈証明〉 m が n の倍数 ($m = n \cdot n'$) で n が $p_j{}^{s_j}$ の倍数 ($n = p_j{}^{s_j} \cdot n''$) なら, $m = p_j{}^{s_j} \cdot n'' \cdot n'$ と表せる. したがって, 左辺 m を素因数分解したとき, p_j の指数 r_j が s_j より小さいことはありえない (ここで素因数分解の一意性が使われる).

逆に $r_j \geqq s_j$ であれば,

$$q = p_1{}^{r_1 - s_1} p_2{}^{r_2 - s_2} \cdots p_k{}^{r_k - s_k}$$

とおくと $m = n \times q$ となり, m は n の倍数である. 〈証明終わり〉

〈例題〉 m, n を事実3のように表したとき,

$t_j = r_j$, s_j の大きいほう (等しいときはどちらでもよい),
$d_j = r_j$, s_j の小さいほう

とおくと

$$L = p_1{}^{t_1} p_2{}^{t_2} \cdots p_k{}^{t_k} \text{ は } m, \ n \text{ の最小公倍数},$$
$$D = p_1{}^{d_1} p_2{}^{d_2} \cdots p_k{}^{d_k} \text{ は } m, \ n \text{ の最大公約数}$$

になることを示せ.

〈例〉 $1260 = 2^2 \cdot 3^2 \cdot 5^1 \cdot 7^1 \cdot 13^0$ と $1560 = 2^3 \cdot 3^1 \cdot 5^1 \cdot 7^0 \cdot 13^1$ の

$$\text{最小公倍数} = 2^3 \cdot 3^2 \cdot 5^1 \cdot 7^1 \cdot 13^1 = 32760,$$
$$\text{最大公約数} = 2^2 \cdot 3^1 \cdot 5^1 \cdot 7^0 \cdot 13^0 = 60$$

〈解〉 $m, \ n$ の公倍数の素因数 p_j の指数 w_j は,事実 3 から

$$w_j \geqq r_j, \quad w_j \geqq s_j$$

をみたす.t_j はそのような指数の中で最小なので,L は最小公倍数になる.

最大公約数についても同様の議論でたしかめられる.

1.3.2 整数

0,自然数,および「自然数にマイナスをつけた数」

$$0, \ \pm 1, \ \pm 2, \ \pm 3, \ \cdots$$

を,**整数**という.整数全体の集合を,記号 $\mathbb{Z}$ で表す:

$$\mathbb{Z} = \{0, \ \pm 1, \ \pm 2, \ \pm 3, \ \cdots\}$$

整数の範囲では,加減算と乗算が自由にできる.また「余り」を許せば,割り算も(0 で割るのはもちろん別にして)いつでもできる——日本の小

学校での書きかたでは

$$7 \div 3 = 2 \cdots 余り1$$

これは次のように書けば，世界で通用する等式になる．

$$7\,(割られる数) = 2\,(商) \times 3\,(割る数) + 1\,(余り)$$

これを一般的に言うと，次の定理になる．

> **定理 3（商と最小非負剰余の存在）** $\overset{\bullet\bullet\bullet\bullet}{0\text{でない}}$任意の整数 x と，任意の整数 y（0 でもよい）に対して，次の等式をみたす整数 q, r が必ず存在する：
>
> $$y = q \times x + r, \quad 0 \leqq r < |x|$$

q を「**商**」，r を「**最小非負剰余**」という．特に $r=0$ の場合，つまり

$$y = q \times x$$

が成り立つ場合，「y は x で割り切れる」といい，y を x の**倍数**，x を y の**約数**という．

〈例〉

$$7 = 2 \times 3 + 1, \qquad 7 = (-2) \times (-3) + 1,$$
$$-7 = 3 \times (-3) + 2, \qquad 7 = 0 \times 12 + 7$$

12 の約数は ± 1, ± 2, ± 3, ± 4, ± 6, ± 12 で，12 は（-12 も）これらの数の倍数である．

注意 1と-1は「すべての整数の約数」という特別な数で、**単数**と呼ばれる。どんな整数もこれらの数の倍数である。なお0も、どんな整数の倍数でもある（0倍！）という、特別の数である（特別の名前は、なさそうである）。

問 次の等式をみたす、商qと最小非負剰余rを求めなさい。

(ア) $10 = q \times 3 + r$　　(イ) $365 = q \times 7 + r$　　(ウ) $3 = q \times (-2) + r$

上の定理3から、以下の事実が初等的に導かれる——証明はここではしないので、ざっと眺めておいてほしい（定理2を前提とすれば、どれもあたりまえのことばかりである）。

事実4 正整数x, yの公倍数mは、最小公倍数Lの倍数である。

〈例〉 24と30の公倍数120, 240, 360, 480, $\cdots$ はどれも最小公倍数120の倍数である。なお「最小」とは正の範囲でいう。

事実5 正整数x, yの公約数dは、最大公約数Dの約数である。

〈例〉 24と30の公約数は$1, 2, 3, 6$であるが、どれも最大公約数6の約数である。

事実6 正整数x, yの最小公倍数をL、最大公約数をDとすると、

$x \times y = L \times D$

〈例〉 $24 \times 30 = 720 = 120 \times 6$

事実 7　x, y が互いに素で，積 $y \cdot z$ が x で割り切れるなら，z が x で割り切れる．

〈例〉　7 と 24 は互いに素であるから，$24 \times 91 = 2184$ が 7 で割り切れるとすれば，91 が 7 で割り切れるはずである（事実，$2184 = 312 \times 7$，$91 = 13 \times 7$ である）．

事実 7 から「素因数分解の一意性」（定理 2 の一部）が導かれるのであるが，証明はあとでまとめて，ずっと一般的な形で行う（環の理論の効用を学ぶため，第 3 章，120 ページ）．

1.3.3　ユークリッドの互除法

最大公約数を求める，次のような素朴な方法がある（小学校で学ぶ）．

〈例〉　24 と 36 の最大公約数を求める：公約数を見つけて，次々と割ってゆく．

```
2 ) 24    36
2 ) 12    18
3 )  6     9
  )  2     3    ……もはや公約数はない
```

見つかった公約数 2, 2, 3 の積が，24 と 36 の最大公約数 D になる：

$$D = 2 \times 2 \times 3 = 12$$

注意　これで正しい結果が得られることは，定理 2（素因数分解の一意可能性）で保証されている．なお残った「公約数のない数」2, 3 を最大公約数 12 にさらに掛けると，最小公倍数が得られる（なぜかは考えてほしい）：$12 \times 2 \times 3 = 72$

しかしたとえば

$$m = 44977 \text{ と } n = 40589 \text{ の最大公約数を求めよ}$$

というような大きな数になると，この方法で実際に最大公約数を求めるのは，手計算では不可能であろう．そこで役に立つのが，以下に述べる方法である．

任意の正整数 $m, n > 0$ に対して，m を n で割った商を q，余りを r とする：

$$m = q \times n + r$$

n と r の公約数（右辺を割り切る）は m（= 左辺）の約数でもあるから，m と n の公約数でもある．また上の等式を

$$m - q \times n = r$$

と書きかえると，m と n の公約数（左辺を割り切る）は r（= 右辺）の約数，したがって n と r の公約数でもある．けっきょく「m と n の公約数」と「n と r の公約数」は一致するので，

$$m \text{ と } n \text{ の最大公約数} = n \text{ と } r \text{ の最大公約数}$$

が成り立つ．特に $r = 0$（m は n で割り切れる）なら，m, n の最大公約数は n である．

これを利用すると，最大公約数を求めるひじょうに効率のいい方法が導かれる．

ユークリッドの互除法：　正整数 m, n の最大公約数は，次のようにして求められる．

(1) m を n で割って，余り r を求める．

(2) もし $r = 0$ ならば,最大公約数は n である.
(3) もし $r > 0$ ならば,m と n の最大公約数は n と r の最大公約数に等しいので,m を n,n を r におきかえて,(1)に戻る.

〈例1〉 $m = 38$,$n = 7$ の最大公約数を求めよ.

① $38 = 5 \times 7 + \mathbf{3}$ (余り),そこで $m = 7$,$n = \mathbf{3}$ とする.
② $7 = 2 \times 3 + \mathbf{1}$ (余り),そこで $m = 3$,$n = \mathbf{1}$ とする.
③ $3 = 3 \times 1$ (**余り 0**),したがって最大公約数は $n = 1$ である.

このように,余り r は必ず前より小さくなるので,どんな m,n に対してもこの手順はいつかは必ず $r = 0$ に到達して終了する.

検算 7 は素数だから約数は 1 と 7 しかなく,$38 = 2 \times 19$ は 7 では割り切れないから,最大公約数はたしかに 1 である.

〈例2〉 $m = 44977$ と $n = 40589$ の最大公約数を求めよ.

① $44977 = 1 \times 40589 + \mathbf{4388}$ (余り);$m = 40589$,$n = \mathbf{4388}$
② $40589 = 9 \times 4388 + \mathbf{1097}$ (余り);$m = 4388$,$n = \mathbf{1097}$
③ $4388 = 4 \times 1097$ (**余り 0**)

したがって 44977 と 40589 の最大公約数は 1097 である.

検算
$$44977 \div 1097 = 41,$$
$$40589 \div 1097 = 37$$

なので,1097 は 44977 と 40589 の公約数である.また 41 と 37 は「1 より大きい公約数がない」(互除法でたしかめられるが,互いに素——実は,どちらも素数) ので,これが最大公約数である.

なお 3 つ以上の正整数の最大公約数も同じ手順で求められる(最小の正整数 n で他の整数 m を割って余り r を求め,m を r におきかえることを,

余りがすべて0になるまで続ければよい). しかしあとで使わないので, ここではこの例だけでやめておく.

〈応用〉 **1次の不定方程式の解法**: 整数係数の1次方程式

$$a_1 x_1 + a_2 x_2 + \cdots + a_n x_n = c, \quad n \geqq 2 \quad \cdots\cdots (*)$$

は,「未知数も整数」という条件があるとき,**不定方程式**と呼ばれる. 未知数が2つ以上あるので答えは一般に"不定"であるが, それでも未知数の値も整数値であるとすると勝手に選ぶことはできず, 制限がつくから,"方程式"としての意味がある. たとえば

$$38x + 7y = 1 \quad \cdots\cdots (1)$$

は,

$$x = -2, \quad y = 11$$

という解をもつ (ほかにもたくさんある) が, $x = 1$ や $x = 2$ では, y をどのように決めても成り立たない. なお x, y は実数値でもよいとすると, どんな x の値でも解になりうる──$y = (1 - 38x) \div 7$ とおけばよい.

方程式 (*) の左辺の係数 a_1, a_2, $\cdots$, a_n の最大公約数を D とすると, 左辺は D の倍数であるから, 右辺 c も D で割り切れるはずである──そうでなければ解は存在しないから, あらかじめ両辺を D で割っておけば,

左辺の係数の最大公約数 $= 1$

と仮定してよい──方程式 (1) は, その仮定をみたしている.

この方程式 (1) は, 次のようにして解ける.

38を7で割ると, 余りは3 ($38 = 5 \times 7 + 3$)

を利用して方程式を

$$38x + 7y = 3x + 7(5x + y) = 1$$

と変形する（これは"7でくくれるだけくくる"とも言える）. そこで

$$s = 5x + y \quad \cdots\cdots (ア)$$

とおけば，方程式 (1) は次のように書き換えられる：

$$3x + 7s = 1 \quad \cdots\cdots (2)$$

次に「7を3で割ると，余りは1」$(7 = 2 \times 3 + 1)$ から，式 (2) を次のように変形する：

$$3(x + 2s) + s = 1$$

そこで

$$t = x + 2s \quad \cdots\cdots (イ)$$

とおけば

$$3t + s = 1 \quad \cdots\cdots (3)$$

(3) は未知数 s の係数が 1 なので，

$$s = 1 - 3t$$

と書き換えれば，t にどんな値を代入しても整数値 s を決めることができ，方程式 (3) はみたされる．途中で追加した関係式 (イ), (ア) は，右辺にも

必ず係数 1 の未知数があるので，それについて解けば，次のようにすべての未知数が変数 t で表される．

(イ) から，　$x = t - 2s = t - 2(1 - 3t) = 7t - 2$,
(ア) から，　$y = s - 5x = (1 - 3t) - 5(7t - 2) = 11 - 38t$

(ア), (イ), (3) がすべてみたされるなら元の方程式 (1) も成り立つので,

$$x = 7t - 2, \quad y = 11 - 38t$$

は方程式 (1) のすべての解を，変数 t で表す「一般解」になっている．なおこのような「表現手段」として使われる変数 t は，**パラメータ**と呼ばれる．

〈例〉　$t = 0$ とおけば最初の解 $x = -2$, $y = 11$ が得られるし，$t = 1$ とおけば別の解 $x = 5$, $y = -27$ が得られる．

　ここでやっている計算は，実は係数 38, 7 の最大公約数を求める，ユークリッドの互除法の例 1 の計算とぴったり対応している．

互除法	不定方程式
$m = 38, n = 7$	$38x + 7y = 1 \qquad \cdots (1)$

　　割って余りを求める：$38 = 5 \times 7 + 3$

$m = 7, n = 3$	$3x + 7(5x + y) = 3x + 7s = 1 \qquad \cdots (2)$

　　割って余りを求める：$7 = 2 \times 3 + 1$

$m = 3, n = 1$	$3(x + 2s) + 1 \cdot s = 3t + s = 1 \qquad \cdots (3)$

方程式の係数 (1) 38, 7, (2) 3, 7, (3) 3, 1 は，互除法の m, n と（順序は変わっても）いつでも同じなので，最初の係数の最大公約数が 1 の場合には，必ず「どちらかの係数が 1 の不定方程式」に到達する．そこから，すべての未知数のパラメータ表示が導かれるわけである．

この方法の一般性は，自力で 1 つ不定方程式を解いてみれば，なっとくできると思う．

問 不定方程式 $7x + 10y = 1$ の一般解を求めなさい．

以上の議論をまとめると，次の定理が成り立つことがわかる．

定理 4 1 次の不定方程式

$$a_1 x_1 + a_2 x_2 = c$$

の解が存在するかどうかは，右辺の定数 c が左辺の係数 a_1, a_2 の最大公約数 D で割り切れるかどうかに一致する：割り切れなければ解はなく，割り切れるときはその解（一般解）を，上と同じ解法で（本質的にはユークリッドの互除法で）求められる．

1.3.4 合同式

環や体の理論の準備として紹介するのであるが，古典的な整数論の精華はここから始まるので，その基礎としても学んでおいて損はない．

整数 x, y の差 $x - y$ が，ある特定の正整数 m で割り切れるとき，x, y は「m **を法として**（modulo m）**合同**である」といい，次のように書く：

$$x \equiv y \pmod{m}$$

この式を**合同式**という．

〈例1〉

$$365 \equiv 1 \pmod{7}$$

実際，$365-1$ は 7 の倍数である（$= 52 \times 7$）．「7 を法として考える」とは，経過日数でいえば，「曜日に注目する」ことである．1 年（平年）365 日は 52 週と 1 日であるから，曜日について言えば「1 年後」と「1 日後」とは同じである．これは「今年のカレンダーで，来年の曜日を知りたい」ときに役に立つ知識である（2 月 29 日が挟まるかどうか，に注意）．

〈例2〉

$$10 \equiv 1 \pmod{9 \text{ あるいは } 3}$$

これは $10 - 1 = 9 = 1 \times 9 = 3 \times 3$ だから当然である．

〈例3〉

$$1000 \equiv -1 \pmod{7,\ 11 \text{ あるいは } 13}$$

これは $1000 - (-1) = 1001 = 7 \times 11 \times 13$ から明らかである．

任意の整数 x を $m\ (> 0)$ で割った余りを d とすると，

$$x = q \times m + d, \quad 0 \leqq d < m$$

である．これは

$$x - d = q \times m$$

と書けるから，

$$x \equiv d \pmod{m}$$

が成り立つ——x は，m で割った余り d と，m を法として合同なので，

$$x \text{ は } m \text{ を法として，} 0, 1, 2, \cdots, m-1 \text{ のどれかと合同}$$

とも言える．

　合同式にはよい性質がたくさんある．

> **定理 5**　合同式について，次の性質が成り立つ：ここで m，x，y は任意の整数である．
>
> (1)　**反射性**：$x \equiv x \pmod{m}$
> (2)　**対称性**：もし $x \equiv y \pmod{m}$ ならば，
>
> $$y \equiv x \pmod{m}$$
>
> (3)　**推移性**：もし $x \equiv y \pmod{m}$ でしかも $y \equiv z \pmod{m}$ ならば，
>
> $$x \equiv z \pmod{m}$$

　このような性質があるので，関係 "$\equiv$" は等号 "$=$" と同じような感覚で扱うことができる．

〈証明〉　(1)　$x - x = 0 \cdot m$ はいつでも成り立つ．
(2)　$x - y = q \cdot m$ ならば $y - x = (-q) \cdot m$ である．
(3)　$x - y = q \cdot m$，$y - z = r \cdot m$ ならば，

$$x - z = (x - y) + (y - z) = q \cdot m + r \cdot m = (q + r) \cdot m$$

定理 6　合同式について，次の事実が成り立つ：
もし

$$a \equiv b \pmod{m} \quad \text{でしかも} \quad c \equiv d \pmod{m}$$

であれば，

(1)　$a + c \equiv b + d \pmod{m}$
(2)　$a - c \equiv b - d \pmod{m}$
(3)　$a \cdot c \equiv b \cdot d \pmod{m}$

要するに「合同式は辺々の和・差・積についても成り立つ」ということである．

〈証明〉　$a \equiv b \pmod{m}$，$c \equiv d \pmod{m}$ と仮定する．これは

$$a - b = q \cdot m, \quad c - d = r \cdot m$$

を意味する．

(1)　$(a + c) - (b + d) = (a - b) + (c - d) = qm + rm = (q + r)m$
(2)　$(a - c) - (b - d) = (a - b) - (c - d) = qm - rm = (q - r)m$
(3)　$ac - bd = ac - bc + bc - bd = (a - b)c + b(c - d) = qmc + brm = (qc + rb)m$

〈応用〉

$$10 \equiv 1 \pmod{9} \quad \cdots (1)$$

であるから，これに(1)自身を辺々掛けあわせると

$$10^2 \equiv 1 \pmod 9$$

が得られる．これにさらに(1)を何回か「辺々掛けあわせ」れば

$$10^n \equiv 1 \pmod 9$$

も得られる．するとたとえば

$$365 = 3 \times 10^2 + 6 \times 10 + 5$$

であるが，反射性から $x \equiv x \pmod 9$ なので

$$\begin{aligned}3 \times 10^2 &\equiv 3 \times 1 \equiv 3 & \pmod 9 \\ 6 \times 10 &\equiv 6 \times 1 \equiv 6 & \pmod 9 \\ 5 &\equiv 5 & \pmod 9\end{aligned}$$

なので，これらを辺々加えた

$$3 \times 10^2 + 6 \times 10 + 5 \equiv 3 + 6 + 5 \pmod 9$$

も成り立つ——式の一部分を，それと合同な数におきかえても，全体として合同になるのである（反射性から，$x = y$ ならば $x \equiv y$ なので，変わらない部分があってもよい）．

9 を 3 におきかえても同じことが言えるので，次の事実が導かれる．

事実 8 ある十進数 x を 9（あるいは 3）で割った余りは，その数の桁数字の和を 9（あるいは 3）で割った余りと一致する．

問 100000002 は 9 で割り切れるか？ 3 では？

「辺々の割り算ができる」場合にも，辺々を割った合同式が成り立つとは限らない．たとえば

$$24 \equiv 15 \pmod 9, \quad 12 \equiv 3 \pmod 9$$

であるが，

$$24 \div 12 \equiv 15 \div 3 \pmod 9$$

は成．り．立．た．な．い．．しかし割り算ができる場合もある．

事実 9 合同式 $cx \equiv cy \pmod m$ において，m と c が互いに素なら，$x \equiv y \pmod m$ も成り立つ．

〈証明〉 $cx \equiv cy \pmod m$ とは，

$$cx - cy = c(x - y) \text{ は } m \text{ で割り切れる}$$

という意味である．しかし c と m は互いに素なので，$(x - y)$ が m で割り切れないといけない（25 ページ，事実 7）．だから $x \equiv y \pmod p$ が成り立つ． 〈証明終わり〉

素数 p を法とする場合には，次の事実が成り立つ．

事実 10 素数 p に対して，方程式

$$ax \equiv 1 \pmod p \quad \cdots (*)$$

は，$a \equiv 0 \pmod{p}$ のとき解がなく，それ以外の場合は解がある．

〈例〉　$p = 7$ の場合の解 x は，次のようになる．

a	1	2	3	4	5	6
x	1	4	5	2	3	6

〈証明〉　$a \equiv 0 \pmod{p}$ なら $ax \equiv 0 \pmod{p}$ であるから，方程式 $(*)$ には解はない．そうでなければ，つまり a が素数 p の倍数でなければ，a と p は互いに素（最大公約数が1）である．したがって，不定方程式

$$ax + py = 1$$

は解をもつ．これは

$$ax - 1 = (-y) \times p,$$

すなわち

$$ax \equiv 1 \pmod{p}$$

を意味している．　　　　　　　　　　　　　　　　　　〈証明終わり〉

1.3.5　同値関係と同値類系

「同値関係」の概念は集合論の一部であるが，整数の集合 $\mathbb{Z}$ という具体的な枠の中で考えるとわかりやすいので，ここで説明をしておく．なおここがしっかり理解できれば，群・環・体の理論がずっとわかりやすくなることはまちがいない．

(A) 同値関係　整数の集合 $\mathbb{Z}$ には，いろいろな関係が定義されている．

大小関係 $<$，等号つき大小関係 $\leqq$，ある法 m についての合同関係 $\equiv$

これらのように「2つの要素の間に，成立するか否かがきちんと定義されている関係」は **2項関係**と呼ばれる．

一般に集合 S の要素 x, y に対して定義されている 2 項関係 $x \sim y$ は，次の条件をみたすとき**同値関係**であると言われる：

(1)　反射性：すべての $x \in S$ に対して，$x \sim x$
(2)　対称性：もし $x \sim y$ ならば，$y \sim x$
(3)　推移性：もし $x \sim y$ でしかも $y \sim z$ ならば，$x \sim z$

数の間の"等しい"という関係"$=$"や，整数の間の（ある法 m についての）合同関係"$\equiv$"は，同値関係の重要な例である．また人間どうしでは

同性，同姓，同じ年齢，同じクラス（あるいはクラブ，会社）

なども上の 3 条件をみたす，同値関係の例である．

(B) 同値類と同値類系　集合 S にある同値関係 $\sim$ が定義されているときには，S のすべての要素を「同値なものどうしをまとめる」ことによって，S のいくつかの部分集合に分けることができる．日常的には「未成年者」とか「高齢者」など，年齢で人を分類することがあるが，数学的には次の例が重要である．

⟨例⟩　整数全体 $\mathbb{Z}$ を「3 を法とする合同関係」で同値（合同）な数同士をまとめると，次の 3 つの部分集合に分けられる：

$$C = \{\cdots, -6, -3, 0, 3, 6, 9, \cdots\},$$
$$D = \{\cdots, -5, -2, 1, 4, 7, 10, \cdots\},$$
$$E = \{\cdots, -4, -1, 2, 5, 8, 11, \cdots\}$$

これらの部分集合を，同値関係（この例では 3 を法とする合同関係）による**同値類**という．この場合，

$$C = \{3k \mid k \in \mathbb{Z}\},$$
$$D = \{3k + 1 \mid k \in \mathbb{Z}\},$$
$$E = \{3k + 2 \mid k \in \mathbb{Z}\}$$

とも表せるので，各同値類は「3 で割った余りが同じ数」をまとめている，とも言える．そこでこの同値類を，**剰余類**ともいう．

一般に，$a \in S$ に対して

$$C(a) = \{x \mid x \sim a\}$$

とおくと，同値関係の性質から，この集合 $C(a)$ の要素はすべて互いに同値で，1 つの同値類になっている．だから $C(a)$ は「a を含む同値類」である．

〈例〉 上の例で挙げた同値類 C, D, E は，$C(0)$, $C(1)$, $C(2)$ と表せる．なお a の選びかたは自由度が大きいので，$C(0) = C(3) = C(-3) = \cdots$ など，任意の $x \in C(0)$ に対して $C(x) = C(0)$ である．

集合 S における同値関係 $\sim$ に基づく，すべての同値類の集合（S の部分集合の集合）を，**同値類系**といって，記号 $S/(\sim)$ で表す．ただし，$\mathbb{Z}$ における「m を法とする合同 $\equiv$」に基づく同値類（剰余類）系については，m を明示するために $\mathbb{Z}/(m)$ と書くことが多い．

同値類系は，土台となっている集合 S を，お互いに重ならない部分集合に分割している．そのことをきちんと言うと，次のようになる．

事実 11 ある集合 S で同値関係 $\sim$ が定義されているとすると，

(1) S のどの要素も，ある同値類に属している．

> (2) 異なる同値類 C, C' は共通要素をもたない： $C \neq C'$ ならば $C \cap C' = \phi$ （空集合）
>
> 逆に言えば「もし $C \cap C' \neq \phi$ ならば，$C = C'$」ということである．

〈例〉 最初の例で挙げた同値類 $C(0)$, $C(1)$, $C(2)$ は，$S = \mathbb{Z}$ に対して，たしかに条件(1), (2)をみたしている．

〈証明〉 (1) 任意の要素 $a \in S$ に対して，$C(a)$ は a を含む1つの同値類であるから，どの $a \in S$ も同値類のどれかに属している，と言える．
(2) もし $x \in C \cap C'$ であるような x があれば，

$$C = C(x) = C'$$

なので，C と C' は，実は同じ同値類である． 〈証明終わり〉

(C) **同値類系と演算** 同値関係が定義されている集合 S に，何かの演算が定義されていて，しかもその演算が「同値関係と，相性がいい」場合には，同値類の間にも演算が導入できる．

> **定義1** 集合 S の要素 $x, y \in S$ に対して定義されている演算 $x \triangle y$ と，同値関係 $x \sim y$ とが「**両立する**（相性がいい）」とは，任意の $a, b, c, d \in S$ に対して次の性質が成り立つことをいう．
>
> もし $a \sim b$ でしかも $c \sim d$ ならば， $a \triangle c \sim b \triangle d$

〈例〉 整数の集合 $\mathbb{Z}$ では，加法 $+$ や乗法 $\times$ は「法 m についての合同関係 $\equiv$」と両立する（34ページ，定理6）．

集合 S で定義されている演算 $\triangle$ と同値関係 $\sim$ が両立する場合には，S での演算 $\triangle$ を同値類系にも導入できる．

〈例〉 $\mathbb{Z}/(3) = \{C(0), C(1), C(2)\}$ において，たとえば

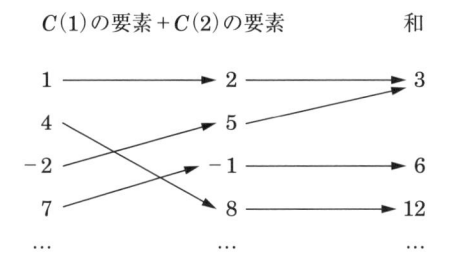

$C(1)$ の要素 $+ C(2)$ の要素　　　　　和

```
1 ──────→ 2 ─────────→ 3
4 ──────→ 5
-2 ─────→ -1 ────────→ 6
7 ──────→ 8 ─────────→ 12
...        ...            ...
```

のように，同値類 $C(1)$ に属する 1, 4, -2, 7, $\cdots$ と同値類 $C(2)$ に属する 2, 5, -1, 8, $\cdots$ とをどのように組み合わせて和を求めても，それらの結果は両立性から，どれも互いに同値で，同じ同値類に入る．具体例を挙げれば

$$4 \equiv 7 \pmod 3, \quad 2 \equiv -1 \pmod 3$$

から

$$4 + 2 \equiv 7 + (-1) \pmod 3$$

ということである．このように同値類 C, C' に対して，

「C の要素と C' の要素の和」が属している同値類

がただ 1 つ決まるので，それを同値類 C, C' の和と定めれば，同値類系にも和が定義できる．$\mathbb{Z}$ における合同関係の場合は和だけでなく積についても両立性が成り立つので，$\mathbb{Z}/(3)$ には和，差，積が導入できる．

$\mathbb{Z}/(3)$ での和

	$C(0)$	$C(1)$	$C(2)$
$C(0)$	$C(0)$	$C(1)$	$C(2)$
$C(1)$	$C(1)$	$C(2)$	$C(0)$
$C(2)$	$C(2)$	**$C(0)$**	$C(1)$

$\mathbb{Z}/(3)$ での積

	$C(0)$	$C(1)$	$C(2)$
$C(0)$	$C(0)$	$C(0)$	$C(0)$
$C(1)$	$C(0)$	$C(1)$	$C(2)$
$C(2)$	$C(0)$	**$C(2)$**	$C(1)$

たとえば $C(2)$ の行，$C(1)$ の列の欄（太字で示す）を見ると，

 和は $C(0)$, 積は $C(2)$

になっているが，

$$2+1 \equiv 0 \pmod{3}, \quad 2 \times 1 \equiv 2 \pmod{3}$$

なので，それは当然である．

同値類に対する演算は，一般には次のように定義すればよい．

$$C(a) \blacktriangle C(b) = C(a \triangle b)$$

ただし左辺の $\blacktriangle$ は同値類系 $S/(\sim)$ の演算（同値類に対して働く）で，右辺の $\triangle$ はもとの，S の要素に対する演算である．

 注意 同値類を $C(a)$ の形で表すしかた（代表 a の選びかた）には自由度がある．しかし

$$C(a) = C(a'), \quad C(b) = C(b')$$

であれば $a \sim a'$, $b \sim b'$ なので，両立性から $a \triangle b \sim a' \triangle b'$, したがって

$$C(a \triangle b) = C(a' \triangle b')$$

なので，代表を変えても結果は同じである．

問 $\mathbb{Z}/(5)$ の同値類 $C(x)$ ($0 \leqq x \leqq 4$) の乗算表を作りなさい．

(D) 剰余類系と代表系 同値類が剰余（割った余り）で決まる $\mathbb{Z}/(m)$ においては，同値類（剰余類）は

$$C(0), C(1), \cdots, C(m-1)$$

の m 個であるが，同値類 $C(j)$ をその代表 j におきかえて考えてもよい．それら代表の集合

$$\mathbb{Z}_m = \{0, 1, 2, \cdots, m-1\}$$

を，**代表系**という．そして代表系には，同値類の演算をそのまま持ち込むことができる．たとえば $m=3$ の場合，同値類の和は代表の和に，次のように"翻訳"される：

同値類の和

	$C(0)$	$C(1)$	$C(2)$
$C(0)$	$C(0)$	$C(1)$	$C(2)$
$C(1)$	$C(1)$	$C(2)$	$C(0)$
$C(2)$	$C(2)$	$C(0)$	$C(1)$

代表の和

	0	1	2
0	0	1	2
1	1	2	0
2	2	0	1

この和（$\oplus$ で表す）は，直接，次のように定義することもできる．

$x \oplus y = x+y$ を 3 で割った余り（最小非負剰余）

一般に，代表系 $\mathbb{Z}_m = \{0, 1, \cdots, m-1\}$ の中で，

$x \oplus y = x+y$ を m で割った余り,
$x \ominus y = x-y$ を m で割った余り,
$x \otimes y = x \times y$ を m で割った余り

とおけば，同値類系とぴったり平行する演算が導入できる.

事実 12 任意の $x, y, z \in \mathbb{Z}_m$ に対して，次の 3 つの条件は同等である（どれか 1 つが成り立てば他の 2 つも成り立ち，1 つが成り立たなければ，すべて成り立たない).

(1) $\mathbb{Z}_m$ において $x \oplus y = z$
(2) $x + y \equiv z \pmod{m}$
(3) $\mathbb{Z}/(m)$ において $C(x) + C(y) = C(z)$

加算 "+" を乗算 "×" におきかえても同様である.

特に m が素数の場合には，次のことが言える.

$a \neq 0$ ならば，$a \otimes x = 1$ をみたす x が存在する.

実際，事実 9 から $ax (= a \times x) \equiv 1$ となる x が存在し，事実 12 によってそれは $a \otimes x = 1$ と同等なのだから，それは当然である．その x（a の"逆数"）を a^{-1} で表し，除算 $\oslash$ を

$b \oslash a = b \otimes a^{-1}$

と定めると，次のことが言える.

定理7 素数 p に対して，$\mathbb{Z}_p$ では，加減乗除が（"$\oplus 0$" を除き）自由にできる．

当然，$\mathbb{Z}/(p)$ についても同じことが言えるが，その詳細は第3章で扱う．

〈集合の固有名詞〉 本書では，特定の集合を表す，次のような記号を利用する．

空集合	ϕ
自然数全体の集合	$\mathbb{N}$
整数全体の集合	$\mathbb{Z}$
有理数全体の集合	$\mathbb{Q}$
実数全体の集合	$\mathbb{R}$
複素数全体の集合	$\mathbb{C}$

第2章
群の理論
—似ているものを
　　　ひっくるめる理論—

「似ているものはおんなじだ——それが数学だ！」という言葉がある．少し乱暴ではあるが，数学の1つの特徴をとらえている．ここで「似ている」とは，枝葉を捨てて本質的な部分に注目し，そこが同じだということで，同等・同型・同値，あるいは合同などと呼ばれる．第1章でも「整数の合同」を観察したが，その起源は図形の科学（幾何学）にあり，しかも群論と深い関係にあるので，最初にそのあたりをざっと眺めておく．それから，ある具体的な問題を正確に表現するために「置換群」を導入して，その問題を解決する．前半のハイライトは，問題解決のための武器「フロベニウスの定理」の紹介である．

後半で代数系と群の一般論に入り，あとの環・体の理論の基礎となる，正規部分群や商群の概念を解説する．核心部分は「正規部分群」の概念の背景で，なぜそのような概念を考えるのか，その意図・理由がわかるように，解説をしてみたい．

2.1　合同と変換

図形の科学（幾何学）では「合同」の概念が重要である．たとえば図1の三角形(ｱ), (ｲ), (ｳ)はすべて"合同"で，「ずらしてぴったり重ねる」ことができる．

合同の概念の背後には，「合同な図形」を結びつける"変換"の概念が隠

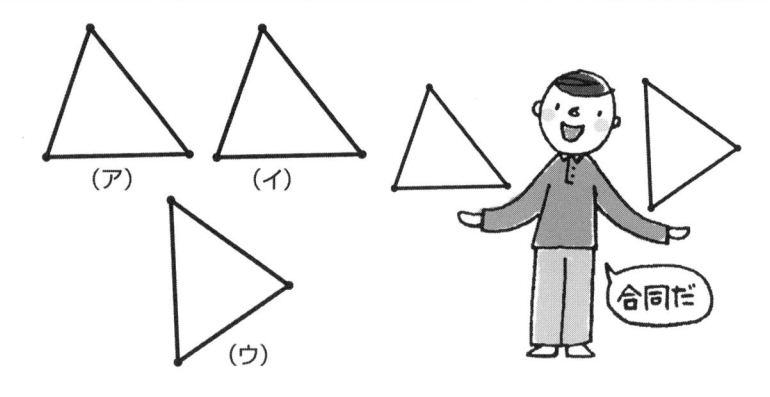

図 1　合同な三角形

れている．上の例（古典的な幾何学）では，「ずらす」とは「長さと角度を変えない平行移動，回転と裏返し，およびそれらの組み合わせ」で，イメージとしては「動かしても形が変わらない物体（剛体）」を考えているのである．

「変換」の意味を変えると，合同の新しい概念が生まれる．たとえば，正確な定義は難しいが，図形をずらすときに

　線の長さや形は変えてもよい（直線を折れ線・曲線に変えてもよい）が，切ったりつないだり，また交差させることはできない　　……(*)

とすると（伸縮自在の"軟体"が相手！），図 1 の三角形は図 2 の(ア)と"合同"になるが，図 2 の(イ)や(ウ)とは"合同"ではない．

　合同の概念が変われば，前と違った幾何学ができる．たとえば (*) を許す，図 1 の(ア)と図 2 の(ア)が"合同"になるような幾何学は，**位相幾何学**と呼ばれる．位相幾何学では，長さや角度はいくらでも変えられるので，すべての多角形は円と合同で，長さに関係するピタゴラスの定理はもはや意味を失ってしまう．しかしそれでも平面上の点の個数 p，それらを結ぶ線の個数 q，線によって囲まれている領域の個数 r との間に

図2 いろいろな平面図形

$$p - q + r = 1$$

という関係が成り立つ（オイラーの定理）など，おもしろい性質が証明できる．たとえば，図2の図でも，(ア)は $p = q = 3$, $r = 1$, (イ)は $p = 3$, $q = 2$, $r = 0$, (ウ)は $p = 6$, $q = 9$, $r = 4$ で，たしかに $p - q + r = 1$ が成り立っている．

> **注意** これは平面上の位相幾何学で，球面上の位相幾何学では，$p - q + r = 2$ が成り立つ．

許される変換の集合は，実はこの章で取り上げる"群"（**変換群**）になるので，古典的な多くの幾何学を群論によって統一的に記述することができる．それがドイツの数学者クライン（1849–1925）の有名な**エルランゲン計画**である．

> **補足** エルランゲン計画（原語 Erlanger Programm，英訳 Erlangen program）は，エルランゲン"目録"と呼ばれることもあるが，それは誤訳である．クラインの目標は，幾何学のカタログを作ることではなく，幾何学を「変換群によって不変な性質を研究する学問であ

る」と規定し，群論によってすべての幾何学を統制するという大計画であった．しかしその計画（プログラム）は，一時は成功をおさめたが，リーマン幾何学などさらに新しい幾何学には適用できず，すべての幾何学を統制することはできなかった．

他にも次のようなところに「"同じ"と，その背景にある変換」が現れる．

(1) **結晶の分類：** 見かけは違うようでも，視点を変えるとまったく同じ形になる結晶は，同じ構造の結晶とみなされる．そこで結晶の分類は，"変換群"に基づいて行われる．

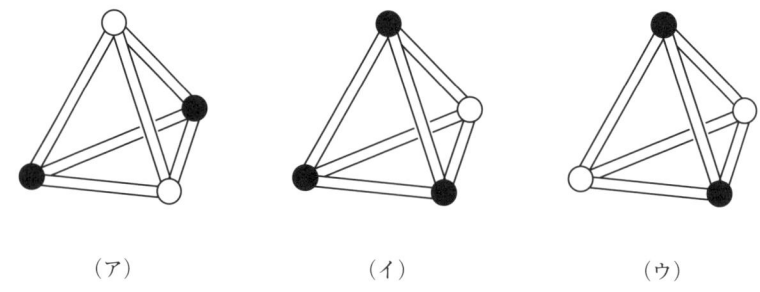

(ア)　　　　　　　(イ)　　　　　　　(ウ)

図3 正4面体の各頂点にある物質が配置された構造
結晶としては簡単すぎるが，2種類の物質を●と○で表している．そこで「同じ構造」とは「3次元的な回転と平行移動で，重ねられる」ということとすると，(ア)と(ウ)が同じ構造で，(イ)は本質的に異なる（黒丸3個，白丸1個で，(ア)，(ウ)とは絶対に重ならない）．

(2) **中華料理のお店で：** 3種類のお料理のお皿 A（シューマイ），B（棒棒鶏），C（酢豚）を，回転する円卓の上に6皿並べる（図4）．最初の並べかたは違っても，回転すれば同じになる並べかたは，"同値（実質的に同じ）"といってよいであろう．そこで問題：

問1 3種類のお料理を6皿並べるとき，"同値"でない（回転しても同じにならない）並べかたは何通りあるか？ ただし1種類か2種類しか並べない場合も，含めて数える．

図4 回転する円卓へのお皿の配置例
お皿を載せている円卓は回転するが，その位置1〜6はお客さんが座る椅子の番号で，これは動かない．

(3)カラー被覆の銅線： カラー被覆の銅線を6本まとめて，1本のケーブルを作る．カラーは赤・青・黄の3色選べるが，図5(ア)，(イ)のケーブルは，回転すれば同じになるので，「製品としては同じもの」である．また(ア)，(ウ)も，前後を逆（裏返し）にすれば同じになるので，やはり「同じもの」とみなす．そこで次のような，実際的な問題が生まれる．

問2 赤，青，黄のカラー被覆の銅線を6本束ねたケーブルで，製品として異なるものは，何種類作れるか？

このうち(1)は結晶の知識が必要なので，ここでは深入りしないが，(2)問

R：赤，B：青，Y：黄

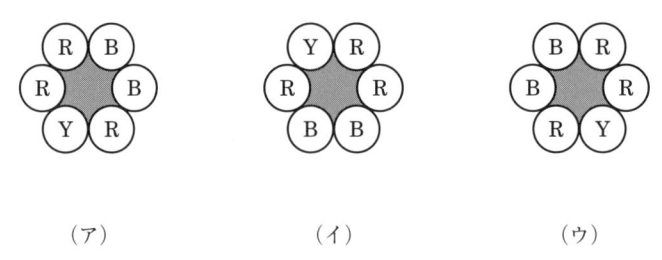

(ア)　　　　　　(イ)　　　　　　(ウ)

図5 カラー被覆の銅線を6本まとめたケーブルの断面図
ここでは赤・青・黄をR・B・Yで表している．どれも製作機械にカラー被覆線をセットするしかたとしては違うが，(ア)と(イ)は回転すれば同じになるし，(ア)と(ウ)も前後を逆（裏返し）にすれば同じなので，製品としては同じものである．

1と(3)問2は，次節以下で取り上げて，正解を示す．

2.2 変換と同値関係

わかりやすいように，「回転テーブルに料理のお皿を載せる」しかたを数学的に記述することから始めよう．お皿には肉料理 A，えび料理 B，野菜料理 C の3種類があるとし，テーブルに6枚の皿を置く場所を 1, 2, 3, 4, 5, 6 という番号で表すと，1つの並べかた，たとえば図4のような並べかたは，次のような関数 f で表せる．

a	1	2	3	4	5	6
$f(x)$	A	B	B	A	A	C

f は番号の集合 X から料理の種類の集合 $Y = \{A, B, C\}$ への関数である．いちいち表を書くのは面倒なので，これをいくらか簡単に，次のように略記することにしよう．

第 2 章 | 群の理論—似ているものをひっくるめる理論—

$$f = \begin{pmatrix} 1 & 2 & 3 & 4 & 5 & 6 \\ A & B & B & A & A & C \end{pmatrix}$$

すると図4の回転円卓を右に1皿分，時計回りに回転した結果（図6，椅子の番号は変わらず，お皿の位置だけが変わる）は，次の関数 g で表せる：

$$g = \begin{pmatrix} 1 & 2 & 3 & 4 & 5 & 6 \\ C & A & B & B & A & A \end{pmatrix}$$

図 6　1皿分の時計回り回転の結果

ところで「お皿を時計回りにずらす」変換は，「番号を逆時計回りにずらす」変換と同じ効果があるが，そういう"番号の回転"は，次のような関数で表される：

$$\sigma = \begin{pmatrix} 1 & 2 & 3 & 4 & 5 & 6 \\ 6 & 1 & 2 & 3 & 4 & 5 \end{pmatrix}$$

この関数 $\sigma : X \to X$ は，1対1で対応もれのない関数．この例に即して言えば「X の要素（番号）の並べ替え」を表しているので，**X 上の置換**と呼

ばれる．置換についてはすでに述べた（14 ページ）が，以下の事項は特に重要なので，再掲しておく：

(1) X 上の置換どうしは自由に合成できて，その結果も X 上の置換になる．
(2) 何も動かさない置換（恒等関数）を**恒等置換**といい，記号 ι（イオタ）で表す．
(3) **結合法則**：$\mu \cdot (\nu \cdot \tau) = (\mu \cdot \nu) \cdot \tau$
(4) 任意の置換 μ に，**逆置換**（逆関数）μ^{-1} があって，$\mu \cdot \mu^{-1} = \mu^{-1} \cdot \mu = \iota$ が成り立つ．なお ι の逆置換は，ι 自身である．
(5) **簡約法則**：もし $\mu \cdot \tau = \nu \cdot \tau$（あるいは $\tau \cdot \mu = \tau \cdot \nu$）ならば，$\mu = \nu$

お皿の配置 f に変換（置換）σ を施した結果は，合成関数

$$f \cdot \sigma(x) = f(\sigma(x))$$

で表される——たとえば

$$f(\sigma(1)) = f(6) = C, \quad f(\sigma(2)) = f(1) = A$$

ということになる．すると明らかに

$$g = f \cdot \sigma$$

が成り立つ——並べかた f の "回転" は，f と σ の合成関数として表せるのである．

> **注意** $g = f \cdot \sigma$ のように「関数が等しい」とは，
> すべての x について，関数値が一致する：$g(x) = f \cdot \sigma(x)$
> という意味である．

回転はさらに続けられるので，f から

$$f \cdot \sigma, \quad f \cdot \sigma \cdot \sigma, \quad f \cdot \sigma \cdot \sigma \cdot \sigma, \quad f \cdot \sigma \cdot \sigma \cdot \sigma \cdot \sigma, \quad \cdots$$

などの並べかたが導ける．ふつう置換の合成"$\cdot$"を簡単に"積"と呼んで，乗算のように

$$\sigma^2 = \sigma \cdot \sigma, \quad \sigma^k = \overbrace{\sigma \cdot \sigma \cdot \cdots \cdot \sigma}^{(k\text{ 個の }\sigma\text{ の積})}$$

と書くことが多い．またついでに，

$$\sigma^1 = \sigma, \quad \sigma^0 = \iota \quad (\text{恒等置換})$$

と約束すると，上に示した「f から導ける配置」が，次のように短く書ける：

$$f \cdot \sigma^0 \, (= f \cdot \iota = f), \quad f \cdot \sigma^1, \quad f \cdot \sigma^2, \quad f \cdot \sigma^3, \quad f \cdot \sigma^4, \quad \cdots$$

これらはみな「f と本質的に同じ」並べかたである——円卓は自由に回転できるのだから，最初は違っているようでも，回せばどれも同じになる．

注意 やかましいことを言うと，3個（k 個）の σ の積を σ^3（σ^k）で表すことの根底には，結合法則

$$\sigma \cdot (\sigma \cdot \sigma) = (\sigma \cdot \sigma) \cdot \sigma$$

が隠れている——$\sigma \cdot (\sigma \cdot \sigma)$ と $(\sigma \cdot \sigma) \cdot \sigma$ が異なるようでは，「3個の積」は複数通りあるので，まとめて σ^3 と書くわけにはゆかない！

そういうわけで，お皿の配置について，ありうる変換（回転 rotation）の集合 R は，次のように表せる：

$$R = \{\iota\, (= \sigma^0),\, \sigma\, (= \sigma^1),\, \sigma^2,\, \sigma^3,\, \sigma^4,\, \sigma^5,\, \sigma^6,\, \sigma^7,\, \cdots\}$$

しかし $360°$ 回転すればもとに戻るので

$$\sigma^6 = \iota, \quad \sigma^7 = \sigma, \quad \sigma^8 = \sigma^2, \quad \cdots$$

であり，R は実は有限集合である：

$$\begin{aligned}R &= \{\sigma^k \mid k \geqq 0\} = \{\sigma^k \mid 0 \leqq k \leqq 5\} \\ &= \{\iota\,(=\sigma^0),\ \sigma\,(=\sigma^1),\ \sigma^2,\ \sigma^3,\ \sigma^4,\ \sigma^5\}\end{aligned}$$

さてそこで，2通りのお皿の配置

$$f : X \to Y, \quad g = X \to Y$$

について，

$$g = f \cdot \sigma^j \text{ をみたす } \sigma^j \in R \text{ がある}$$

ことを，記号 $f \sim_R g$ で表すことにしよう．するとこの関係 $\sim_R$ によって，

　　　回転すれば同じになる

ことが正確に表されている．
　この関係 $\sim_R$ は次の性質をみたす，いわゆる**同値関係**になっている（1.3.5 節，38 ページ参照）：

- (ア) **反射性**：任意の $f : X \to Y$ について，$f \sim_R f$
- (イ) **対称性**：$f \sim_R g$ ならば，$g \sim_R f$
- (ウ) **推移性**：$f \sim_R g$ で $g \sim_R h$ ならば，$f \sim_R h$

証明はどれもやさしくて，まず反射性は，恒等置換 ι が R の中にあるのだから $f = f \cdot \iota$ で，明らかに成り立つ．また対称性は，もし $f \sim_R g$，すなわち

$$f = g \cdot \sigma^k \quad (0 \leqq k \leqq 5)$$

ならば

$$g = g \cdot \iota = g \cdot \sigma^6 = g \cdot \sigma^k \cdot \sigma^{6-k} = f \cdot \sigma^{6-k}$$

で，$g \sim_R f$ でもある．最後に推移性は，$f \sim_R g$, $g \sim_R h$, すなわち

$$g = f \cdot \sigma^k, \quad h = g \cdot \sigma^j$$

であれば，

$$h = (f \cdot \sigma^k) \cdot \sigma^j = f \cdot (\sigma^k \cdot \sigma^j) = f \cdot \sigma^{k+j}$$

で，$\sigma^{k+j} \in R$ であるから，$f \sim_R h$ が成り立つ．

ここで，最初の問題（問1）に戻ろう．

問1 3種類のお料理のうち1種類〜3種類を6皿並べるとき，"同値"でない（回転しても同じにならない）並べかたは何通りあるか？

料理を6皿並べるしかたは，関数

$$f: \{1,2,3,4,5,6\} \to Y \quad (\text{お料理の集合})$$

つまり表

x	1	2	3	4	5	6
$f(x)$	?	?	?	?	?	?

で表される．だからその個数は，この表の"?"を Y の要素で自由に埋めるしかただけ，つまり

$$\text{料理が 2 種類なら} \quad 2\times2\times2\times2\times2\times2 = 2^6 = 64\,(\text{通り}),$$
$$\text{料理が 3 種類なら} \quad 3\times3\times3\times3\times3\times3 = 3^6 = 729\,(\text{通り})$$

だけある．この中には，同値なものがたくさん含まれているが，「同値でない並べかたがいくつあるか」を数えるには，同値なもの同士をまとめてしまい，そこでできる同値類がいくつあるか，を数えればよい（「同値類」については 38 ページ参照）．

〈参考〉 3 種類ではたいへんであるが，●，○の 2 種類なら数えやすい．次ページ図 7 に示されているのが「異なる同値類の代表」で，どんな並べかたも，これらのどれかと同値になる（たしかめてください！）．したがって，回転する円卓の上に「2 種類の料理を 6 皿並べる」しかたは，$5\times 2+4=14$ 通りである．

料理が 3 種類の場合はずっと面倒になり，理論的な準備が必要になる．そこでそれは，次節で扱うことにしよう．

2.3 置換群と同値関係

さきほど関数 $f:X\to Y$ の間に，変換（置換）$\sigma:X\to X$ の集合 R から関係 $\sim_R$ を導入したが，他の置換の集合 G に対しても，同じようなことができる．

ある $\tau\in G$ について $g=f\cdot\tau$ が成り立つ

ことを，

第 2 章 | 群の理論―似ているものをひっくるめる理論― 59

（ア）● 0 個：

（イ）● 1 個：

（ウ）● 2 個：

（エ）● 3 個：

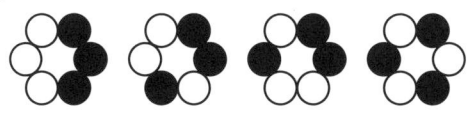

（オ）● 4 個以上：●と○を逆にすると，(0)～(2)のどれかに一致するから，「以上の型のどれかの●，○逆」になる（(3)は逆にしても(3)型である）．

図 7 回転しても同じにならない，2 種類のお皿●，○の並べかた

$$f \sim_G g$$

で表す．この関係 $\sim_G$ は，集合 G が，前節で使われた R の性質をすべてもっていれば，やはり同値関係になる．その性質とは，以下の 3 つである．

(1) $\mu, \nu \in G$ ならば，$\mu \cdot \nu \in G$ ……ここから推移性が導かれる．
(2) 恒等置換 ι が，G の中にある：$\iota \in G$ ……ここから反射性が導かれる．
(3) 任意の置換 $\mu \in G$ に対して，適当に $\nu \in G$ を選べば，$\mu \cdot \nu = \nu \cdot \mu = \iota$ ……ここから対称性が導かれる．

定義 1 これらをみたす置換 $\sigma : X \to X$ の空でない集合 G を，X 上の**置換群**という．

〈例〉 R は，$X = \{1, 2, 3, 4, 5, 6\}$ 上のごく簡単な置換群である．

置換群は，ほかにもたくさんある．

〈例 1〉 $X_n = \{1, 2, \cdots, n\}$ 上の，すべての置換の集合 S_n

〈例 2〉 X_6 上の，2 つの置換

$$\iota = \begin{pmatrix} 1 & 2 & 3 & 4 & 5 & 6 \\ 1 & 2 & 3 & 4 & 5 & 6 \end{pmatrix}, \quad \lambda = \begin{pmatrix} 1 & 2 & 3 & 4 & 5 & 6 \\ 2 & 1 & 3 & 4 & 5 & 6 \end{pmatrix}$$

だけの集合 $S = \{\iota, \overset{\text{ラムダ}}{\lambda}\}$．

〈例 3〉 X_6 上の 2 つの置換

$$\sigma = \begin{pmatrix} 1 & 2 & 3 & 4 & 5 & 6 \\ 6 & 1 & 2 & 3 & 4 & 5 \end{pmatrix}, \quad \tau = \begin{pmatrix} 1 & 2 & 3 & 4 & 5 & 6 \\ 6 & 5 & 4 & 3 & 2 & 1 \end{pmatrix}$$

から，積（関数合成）によって導かれる置換，たとえば

$$\sigma \cdot \sigma, \quad \sigma \cdot \tau, \quad \tau \cdot \sigma, \quad \tau \cdot \sigma \cdot \sigma, \quad \tau \cdot \sigma \cdot \tau \cdot \sigma \cdot \sigma, \quad \cdots$$

等々をすべて集めた集合 T．なお σ は回転，τ は反転（裏返し）を表現している．

> **注意** 置換 σ, τ は $x \in X_6$ を，それぞれ次の図 8 に示すように動かす．このように σ は回転，τ は反転（裏返し）という操作を表している．なおこの図から，$\tau^2 = \tau \cdot \tau = \iota$ は明らかであろう（これらは問 2 の解決に役立つ）．また $\sigma \cdot \tau = \tau \cdot \sigma^5$ というおもしろい関係が成り立つので，集合 T は次のように表せる（余力のある人は，たしかめてみてください）：

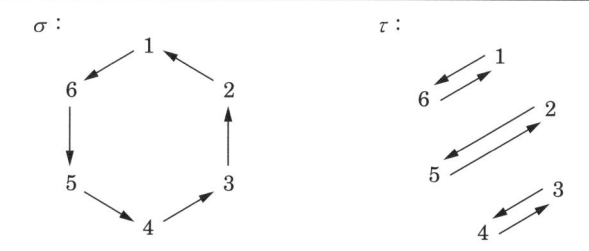

図8 σ, τ の働き： $f(x)$ の値を，x から出る矢印で表している．

$$T = \{\iota, \sigma, \sigma^2, \cdots, \sigma^5, \tau, \tau\cdot\sigma, \cdots, \tau\cdot\sigma^5\}$$

集合 S_n が群であることは，54 ページで述べた置換の基本性質(1)〜(4)から明らかである．この群は，歴史的な理由から n **次の対称群**と呼ばれる．どんな置換群も，対称群 S_n の部分集合である．

> **補足** 変数 $\alpha_1, \alpha_2, \cdots, \alpha_n$ の多項式（あるいは有理式）で，変数をどのように入れ替えても変わらない（前と値が変わらない）式を，**対称式**という．たとえば $n = 3$ の場合，
>
> $$\alpha_1 + \alpha_2 + \alpha_3, \quad \alpha_1\cdot\alpha_2 + \alpha_2\cdot\alpha_3 + \alpha_3\cdot\alpha_1, \quad \alpha_1\cdot\alpha_2\cdot\alpha_3$$
>
> などは対称式である．変数の入れ替えは，添え字の入れ替えとして，置換で表せるから，「対称式を変えない置換の集合」ということで，対称群という名前がつけられた．

集合 S, T が群になることをたしかめるには，次の事実を利用するとわかりやすい．

定理1 有限集合 X_n 上の置換の，空でない集合 G が群であるためには，次の条件さえ成り立てばよい．

(1) $\mu, \nu \in G$ ならば，$\mu\cdot\nu \in G$

注意 このように「演算結果が G の外に出ない」ことを，**演算 "・" は G で閉じている**ということがある．

⟨応用1⟩　集合 S は群である：実際 $\iota \cdot \iota = \iota$, $\iota \cdot \lambda = \lambda \cdot \iota = \lambda$, $\lambda \cdot \lambda = \iota$ なので，たしかに(1)が成り立つ．したがって，S は群である．

⟨応用2⟩　集合 T は群である：$\mu, \nu \in T$ とは，これらが σ, τ の積で表せることを意味している．それならそれらの積 $\mu \cdot \nu$ も，やはり σ, τ の積で表せるので，演算 "・" は T で閉じている．したがって，T は置換群である．

⟨定理1の証明⟩　(2)が成り立つこと：任意の $\mu \in G$ に対して，性質(1)から

$$\mu^2, \mu^3, \mu^4, \mu^5, \cdots$$

はすべて G に属している．しかし有限集合 X_n 上の置換は有限個であるから，どこかで同じものが現れる．そこでかりに

$$\mu^9 = \mu^4 \quad \cdots\cdots (*)$$

としてみよう．μ^4 は置換であるから逆置換（逆関数）τ が存在するので，それを $(*)$ の両辺に施すと，

$$(左辺) \cdot \tau = \mu^9 \cdot \tau = (\mu^5 \cdot \mu^4) \cdot \tau = \mu^5 \cdot (\mu^4 \cdot \tau) = \mu^5 \cdot \iota = \mu^5,$$
$$(右辺) \cdot \tau = \mu^4 \cdot \tau = \iota$$

となり，$\mu^5 = \iota$ が導かれる．当然 $\iota = \mu^5 \in G$ である．

(3)が成り立つこと：(2)の証明の中で，ある $k > 0$ について，$\iota = \mu^k$（上の例では $k = 5$）となることがわかった．$k = 1$ ならば $\iota = \mu$ であるから，$\mu (= \iota)$ の逆元は μ 自身であるし，$k > 1$ ならば $\tau = \mu^{k-1}$ が μ の逆元に

第 2 章｜群の理論—似ているものをひっくるめる理論—　　　　　　　　　　　63

なる：

$$\mu \cdot \tau = \tau \cdot \mu = \mu^k = \iota$$

〈証明終わり〉

　補足　フランスの数学者コーシー（1789–1857）は，有限集合上の置換群を(1)だけで定義した．単位元や逆元の存在を仮定しなかったのは，仮定する必要がなかったからである．

　ここで問 1 に戻って，これを解決しよう．問題は，729（通り）もある関数（お皿の並べかた）$f : X_6 \to Y$ を同値なものどうしをまとめ，

　　そこでできる同値類の個数を求めること

であった．それは少しばかり長い道のりになるが，第 1 歩は「個々の同値類の中味を，詳しく調べる」ことなので，手始めに，ある関数 $f : X_6 \to Y$ を含む同値類

$$D = \{ f \cdot \sigma \mid \sigma \in R \}$$

を考えてみよう．この中に重複を除いて t 個の関数があるとして，

$$D = \{ g_1 (= f), g_2, \cdots, g_t \} \quad (g_j はすべて互いに異なる)$$

とおく——もちろん $1 \leqq t \leqq 6$（R の要素の個数）である．どの g_j もある ν_j によって，$g_j = f \cdot \nu_j$ と表せる（$\nu_1 = \iota$ としてよい）．そこで

$$H_j = \{ \mu \in R \mid f \cdot \mu = g_j \} \quad (f を g_j に移す置換 \mu の集合)$$

とおくと，どの $\mu \in R$ も，f を g_j のどれか 1 つに移すから

$$R = H_1 \cup H_2 \cup \cdots \cup H_t$$
$j \neq h$ のとき　$H_j \cap H_h = \phi$ （空集合）

であるから，集合 S の要素の個数を $|S|$ で表すと，

$$|R| = |H_1| + |H_2| + \cdots + |H_t|$$

が成り立つ（第1章7ページ，〈応用〉参照）．そして次のことが言える．

事実1　各集合 H_j の要素の個数 $|H_j|$ はすべて等しい．

〈例〉　f が次の関数の場合を，具体的に観察してみよう．

x	1	2	3	4	5	6
$f(x)$	A	B	C	A	B	C

f 　　$\mu = \iota,\ \sigma^3$

x	1	2	3	4	5	6
$f(x)$	A	B	C	A	B	C

$\mu = \sigma,\ \sigma^4$

x	1	2	3	4	5	6
$f(x)$	C	A	B	C	A	B

$\mu = \sigma^2,\ \sigma^5$

x	1	2	3	4	5	6
$f(x)$	B	C	A	B	C	A

この場合は $H_1 = \{\iota, \sigma^3\}$，$H_2 = \{\sigma, \sigma^4\}$，$H_3 = \{\sigma^2, \sigma^5\}$ で，たしかにどれも2つずつである．

〈**事実1の証明**〉　H_1 は「f を動かさない置換 μ（$f \cdot \mu = g_1 = f$）」の集合，とも言えるが，その要素が k 個あるとして，それらを

$$\mu_1 \,(= \nu_1 = \iota),\ \mu_2,\ \cdots,\ \mu_k \quad (\text{これらは互いに異なる})$$

とおくと，H_j の要素（$f \cdot \mu = g_j$ をみたす μ）もちょうど k 個ある．実際，任意の $\mu_h \in H_1$ について

$$f \cdot \mu_h \cdot \nu_j = f \cdot \nu_j = g_j$$

であるから，

$$\mu_1 \cdot \nu_j,\quad \mu_2 \cdot \nu_j,\quad \cdots,\quad \mu_k \cdot \nu_j$$

はどれも f を g_j に移し，しかも次のことが言える．
① これらは互いに異なる．
　理由：もしたとえば $\mu_1 \cdot \nu_j = \mu_5 \cdot \nu_j$ だとすると，仮定に反して $\mu_1 = \mu_5$ になってしまうから，それはありえない．
② ほかに「f を g_j に移す置換 μ」は存在しない．
　理由：もし $f \cdot \mu = g_j$ なら，$f \cdot \mu \cdot \nu_j^{-1} = g_j \cdot \nu_j^{-1} = f$ なので，$\mu \cdot \nu_j^{-1}$ は f を動かさないから μ_h のどれかに等しく，$\mu \cdot \nu_j^{-1} = \mu_h$ なら $\mu = \mu_h \cdot \nu_j$ と表せる．
だから H_j の要素も，ちょうど k 個ある．　　　　〈証明終わり〉

事実 1 から

$$\begin{aligned}|R| &= |H_1| + |H_2| + \cdots + |H_t| \\ &= |H_1| \times k \quad \cdots\cdots (\#)\end{aligned}$$

一方，$f \in D$ は何でもよかったので，

　　$g_j \in D$ を動かさない $\mu \in R$ の個数

もこの $|H_1|$ に等しい．そこで上の等式が，さらに次のように書きかえられる：

$$|R| = |H_1| \times k$$
$$= (g_1 \text{ を動かさない } \mu \in R \text{ の個数})$$
$$+ (g_2 \text{ を動かさない } \mu \in R \text{ の個数})$$
$$+ \cdots$$
$$+ (g_k \text{ を動かさない } \mu \in R \text{ の個数})$$

ここで次の記号を導入する:

$$\langle g, \mu \rangle = \begin{cases} 1 & \cdots\cdots\ g \cdot \mu = g \text{ のとき,} \\ 0 & \cdots\cdots\ \text{それ以外の場合} \end{cases}$$

すると

$$|H_j| = g_j \text{ を動かさない } \mu \in R \text{ の個数}$$
$$= \text{すべての } \mu \in R \text{ に対する } \langle g_j, \mu \rangle \text{ の和}$$

で,上の等式 (#) から,次の等式が導かれる:

　　すべての $g \in D$, $\mu \in R$ についての $\langle g, \mu \rangle$ の和
$=$ すべての $g_j \in D$ についての,
　　「すべての $\mu \in R$ に対する $\langle g_j, \mu \rangle$ の和」の総和
$=$ すべての j についての $|H_j|$ の和　　$\cdots\cdots$ (#) の右辺
$= |R|$

これは任意の同値類 D について成り立つ等式である.一方,どの関数 $f: X \to Y$ もある1つの同値類に属しているので,

　　すべての $g: X \to Y$, $\mu \in R$ についての $\langle g, \mu \rangle$ の総和
$=$ すべての同値類 D についての,
　　「すべての $g \in D$, $\mu \in R$ についての $\langle g, \mu \rangle$ の和 $(= |R|)$」の総和

$= |R| \times$ 同値類の個数

ここで右辺に「同値類の個数」が出てきたから，左辺を計算しやすいように変形する．

$$\begin{aligned}&\text{すべての } g: X \to Y, \ \mu \in R \text{ についての } \langle g, \mu \rangle \text{ の総和} \\ &= \text{すべての } \mu \in R \text{ に対する} \\ &\qquad \text{「すべての } g: X \to Y \text{ に対する } \langle g, \mu \rangle \text{ の和」の総和}\end{aligned}$$

そこで最後の式のかぎ括弧「⋯」内を

$$\begin{aligned}W(\mu) &= \text{すべての } g: X \to Y \text{ に対する } \langle g, \mu \rangle \text{ の和} \\ &= \text{「}g \cdot \mu = g \text{ をみたす（}\mu\text{ で変わらない）」関数 } g \text{ の個数}\end{aligned}$$

とおくと，

$$|R| \times \text{同値類の個数} = \text{すべての } \mu \in R \text{ に対する } W(\mu) \text{ の総和}$$

と書けるから，次の公式が導かれる．

事実 2

群 R から導かれる同値類の個数
$=($すべての $\mu \in R$ に対する $W(\mu)$ の総和$) \div |R|$

〈応用 1〉 お皿を 1 種類減らした $X = \{1, 2, 3, 4, 5, 6\}$, $Y = \{A, B\}$ について，$R = \{\iota, \sigma, \sigma^2, \cdots, \sigma^5\}$ に基づく同値類の個数は，次のように計算できる．

(0) すべての関数 $f: X \to Y$ は ι で変わらないから，$W(\iota) = 2^6 = 64$

(1) $f \cdot \sigma(x) = f(\sigma(x)) = f(x)$ であるためには，すべての場所に同じお料理がなければならない（図 9 参照）．したがって，ありうる並べかたは「オール A」か「オール B」の 2 通りしかない： $W(\sigma) = 2$

(2) $W(\sigma^2) = 2^2 = 4$

(3) $W(\sigma^3) = 2^3 = 8$

(4) $W(\sigma^4) = 2^2 = 4$

(5) $W(\sigma^5) = 2^1 = 2$

したがって事実 2 から，同値類の個数 d は以下のように計算できる：

$$d = (64 + 2 + 4 + 8 + 4 + 2) \div 6 = 84 \div 6 = 14$$

これは当然ながら，前に求めた結果と一致する．

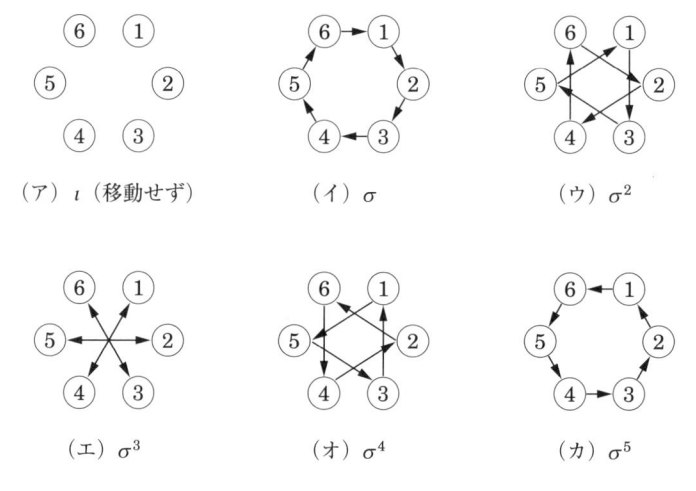

(ア) ι（移動せず）　　(イ) σ　　(ウ) σ^2

(エ) σ^3　　(オ) σ^4　　(カ) σ^5

図 9 置換 σ^k によるお皿の移動
置換で変わらないためには，元のお皿と行く先とが，同じお料理でないといけない．したがって，たとえば(ウ)では，お料理は $f(1)$, $f(2)$ の 2 か所を決めれば決まってしまう．

⟨応用2⟩　お皿が3種類の，本来の問1については，同値類の個数は次のように計算される．

(0)　$W(\iota) = 3^6 = 729$
(1)　$W(\sigma) = 3^1 = 3$
(2)　$W(\sigma^2) = 3^2 = 9$
(3)　$W(\sigma^3) = 3^3 = 27$
(4)　$W(\sigma^4) = 3^2 = 9$
(5)　$W(\sigma^5) = 3^1 = 3$

したがって，

$$\text{同値類の個数} = (729 + 3 + 9 + 27 + 9 + 3) \div 6$$
$$= 780 \div 6 = 130$$

これは「手の運動」ではまず求められない，なかなかの結果である！

事実2は，一般の群 G に基づく同値関係についても成立する．

> **定理2（フロベニウス）**　関数 $f : X \to Y$ の集合に，X 上の置換群 G によって同値類 $\sim_G$ を導入したとき，同値類の個数 d は次の式で与えられる：
>
> $$d = \frac{1}{|G|} (\text{すべての } \mu \in G \text{ に対する，} W(\mu) \text{ の和})$$
>
> ただし $|G|$ は群 G の要素の個数を表し，$W(\mu)$ は
>
> $f \cdot \mu = f$ であるような関数 $f : X \to Y$ の個数
>
> を表す．

証明は，事実 2 の証明そのままでよい——途中の〈例〉と〈応用〉を除いて．

$$R = \{\iota, \sigma, \sigma^2, \sigma^3, \sigma^4, \sigma^5\}$$

であることはどこでも使っていないから，文字 R を G に書き換えるだけで，証明が完成する．

> **補足** 問 2 もこれで解ける——群 G のところに，60 ページ〈例 3〉で述べた群 T をあてはめればよい．しかし「T が実際にどんな置換を含んでいるか」（関係 $\sigma \cdot \tau = \tau \cdot \sigma^5$ が重要）などの議論が必要なので，ここでは結果だけ示しておく．
>
> > **問 2 の答：** 3 色のカラー被覆銅線を 6 本まとめたケーブルで，製品として異なるものは，92 種類作れる．
>
> これもフロベニウスの定理（かコンピュータの腕力）を使わないと，ちょっと手が出ない結果であろう．

2.4 一般の群

ここからは一般論に入る．環論・体論の準備なので，「何の役に立つのか」がすぐには見えない抽象的な話が続くが，これまでに扱った具体的な置換群を念頭に置きながら読めば，理解しやすいのではないかと思う．

土台となる集合と，そこで定義されている演算の組，たとえば整数の集合 $\mathbb{Z}$ と加算 $+$ の組 $(\mathbb{Z}, +)$ を，**代数系**という．演算は 1 つでなく，2 つ以上の演算 $+, \times, \cdots$ をあわせた代数系 $(X, +, \times, \cdots)$ を考えることもある．これまでは「代数系」という言葉は使っていなかったが，実質的に次のような代数系を扱っていた．

(1)　自然数と加算・乗算の代数系 $(\mathbb{N}, +, \times)$
(2)　整数と，加減算・乗算の代数系 $(\mathbb{Z}, +, -, \times)$

(3) 置換群： R, S_n など： これらは代数系の記法に従えば，$(R, \cdot)$, $(S_n, \cdot)$ などと書くべきであるが，これまでのように R や S_n だけで間にあわせることも多い．

代数系の中で基本的なのは，1つの演算だけから成る"群"と呼ばれる代数系である．

まず一般の「演算」の定義を述べておこう．

定義2 (1) 集合 G 上の**単項演算**とは，ある関数 $g : G \to G$ のことである．たとえば整数 x に $(0-x)$ を対応させる関数は，単項演算である．演算と呼ぶ場合には，関数値（演算結果）を普通の関数記法（$f(x)$ など）ではなく，"$-x$"とか"x^{-1}"のような記法で表すことが多い．この場合の"$-$"や"$(^{-1})$"は，(単項)**演算記号**と呼ばれる．

(2) G 上の **2 項演算**とは，G の 2 つの要素 x, y のペアに，同じ G の第 3 の要素 z を対応させる 2 変数関数 $f : G \times G \to G$ のことである（略して単に「演算」と呼ぶこともある）．(2 項) 演算と呼ぶ場合には関数値は，いわゆる「演算記号」によって，$x+y$, $x \times y$, $x \cdot y$ のように表す．

演算記号は代数系によって異なるので，一般論を述べるときにはわざと「どこでも使われない記号」，2 項演算であれば"$\triangle$"，単項演算であれば"$/$"などで表しておくが，具体的な代数系を考えるときには，適宜"$+$"，"$\cdot$"など，あるいは"$-$"，"$^{-1}$"などに読みかえていただきたい．

定義3 集合 G とそこで定義される 2 項演算 $x \triangle y$ をあわせた代数系 $(G, \triangle)$ は，次の 3 つの条件（**群の公理**）をみたすとき，**群** (gruop) と呼ばれる．

(1) **結合法則**：すべての x, y, z について

$$x \triangle (y \triangle z) = (x \triangle y) \triangle z$$

(2) **単位元の存在**：ある特別の要素 e があって，すべての x に対して

$$x \triangle e = e \triangle x = x$$

が成り立つ．この要素 e を，演算 $\triangle$ についての**単位元**という．

(3) **逆元の存在**：どんな要素 x にも，$x \triangle y = y \triangle x = e$（単位元）となるある要素 y が存在する．そのような y を，x の $\triangle$ についての**逆元**という．

あとで証明するように，x の逆元 y は x ごとにただ 1 つ決まる．そこでその y を，一般的には記号 x' で表す．この演算 $(')$ を使えば，

$$x \square y = x \triangle (y')$$

と定めることによって，さらに新しい演算 $\square$ を導入することができ，次の等式が成り立つ：

$x \square x = e$ （単位元）
$(x \triangle y) \square y = x$
$(x \square y) \triangle y = x$

そこでこの演算 $\square$ を，$\triangle$ の**逆演算**という．公理の上では群は 1 つの演算 $\triangle$ しか明記されてないが，実質的には $(')$ や $\square$ を含めて，3 つの演算が使えると考えてよい．なおこの演算 $\square$ については，<u>結合法則は成り立たない</u>（次ページの〈例 2〉の後半を参照）．

注意 公理にない大前提として「演算 $\triangle$ が $\overset{\bullet}{G}\overset{\bullet}{の}\overset{\bullet}{中}\overset{\bullet}{で}$定義されていること」，ていねいに言えば「任意の $x, y \in G$ に対して，演算結果 $x \triangle y \in G$ が決まる」ことがある（置換群を定義したときの条件(1)）．このことを「演算 $\triangle$ は G の中で**閉じている**」という．

さらに

(1)-B **交換法則**：すべての x, y について $x \triangle y = y \triangle x$

をもみたす群は，**可換群**と呼ばれる．

〈例 1〉 2.2 節で述べた置換群，代数系の記法に従えば $(R, \cdot)$, $(S_n, \cdot)$, $(S, \cdot)$, $(T, \cdot)$ などはもちろんみな群である．置換群では単位元は恒等置換 ι で，逆元は逆置換である．なお $(S, \cdot)$（60 ページ，〈例 2〉）は可換群（たしかめてみてください！）で，任意の j, h について

$$\sigma^j \cdot \sigma^k = \sigma^{j+k} = \sigma^k \cdot \sigma^j$$

であるから $(R, \cdot)$ も可換群であるが，$(S_n, \cdot)$ と $(T, \cdot)$ は可換群$\overset{\bullet}{で}\overset{\bullet}{は}\overset{\bullet}{な}\overset{\bullet}{い}$．

〈例 2〉 整数の集合 $\mathbb{Z}$ において，加算 $+$ だけに注目した代数系 $(\mathbb{Z}, +)$ は可換群である：加算 $+$ についての単位元は 0，x の $+$ についての逆元は $-x$ である．なお "$+$" の逆演算は

$$x - y = x + (-y),$$

すなわち減算 "$-$" であるが，減算については結合法則は成り立たない：

$$(8 - 5) - 3 = 3 - 3 = 0, \quad 8 - (5 - 3) = 8 - 2 = 6$$

補足 小学校で $8 + 3 + 14 + 2$ など，括弧を省いて書くのは，結合法則が成り立っているからどんな順序で計算しても，$((8+3)+14)+2$ でも $(8+3)+(14+2)$ でも答えは同じになるからである．同じ理由で，群の演算についても，括弧を省略して $w \triangle x \triangle y \triangle z$ などと書いてよい．

⟨例3⟩　正の実数の集合 $\mathbb{R}^+ = \{x \in \mathbb{R} \mid x > 0\}$ において，乗算 × だけを考えた代数系 $(\mathbb{R}^+, \times)$ も可換群である：演算 × についての単位元は 1，x の乗算 × についての逆元は逆数，すなわち $1/x$ と考えればよい．

なお実数の乗法については，0 でない実数の集合 $\{x \in \mathbb{R} \mid x \neq 0\}$ も，1 と -1 だけの集合 $\{1, -1\}$ も，群になる．

⟨例4⟩　単位元だけの集合は，いつでも群になる：$(\{0\}, +)$，$(\{1\}, \times)$，$(\{\iota\}, \cdot)$ など．

実用的には無意味であるが，理論的には認めておくと便利なことがあるので，**単位群**という立派な名前がついている．

⟨例5⟩　第 1 章で述べたように，同値類系 $\mathbb{Z}/(m)$ には演算 $+$，$-$，$\times$ が導入できるが，そのうち $+$ だけに注目した $(\mathbb{Z}/(m), +)$ は群である．単位元は 0 を含む同値類 $C(0)$ であり，同値類 $C(x)$ の逆元は $C(-x)$ である．

このような「一般的な枠組み」を考える理由は，「証明の省力化」である．その枠組みの中で証明されることは，個々の具体例すべてに当てはまるので，個別に証明することももちろんできるが，似たような証明の繰り返しをやめて，「まとめて面倒をみる」ことができるわけである．1 つ簡単な例を挙げておこう．

事実 3（簡約法則）　群 $(G, \triangle)$ の任意の要素 $a, b, c \in G$ について，

$$\text{もし } a \triangle b = a \triangle c \text{ ならば，} \quad b = c$$

⟨証明⟩　群の公理(3)から，$a' \triangle a = e$ をみたす a' がある．そこで前提

$$a \triangle b = a \triangle c$$

の両辺に左から "$a' \triangle$" をつけ加えると，

左辺 $= a' \triangle (a \triangle b) = (a' \triangle a) \triangle b = e \triangle b = b,$
右辺 $= a' \triangle (a \triangle c) = (a' \triangle a) \triangle c = e \triangle c = c$

となり，$b = c$ が導かれる． 〈証明終わり〉

これはすべての群について成り立つのだから，$(\mathbb{Z}, +)$，$(\mathbb{R}^+, \times)$，$(S_n, \cdot)$，… のどれについても成り立つ．

〈応用 1〉 **単位元の一意性**： もし $x \triangle e = x$，$x \triangle d = x$ ならば，実は $e = d$

これは簡約法則から，明らかである（$x \triangle e = x \triangle d$ であれば，$e = d$ となるので，"$= x$" でなくてもよい）．

〈応用 2〉 **逆元の一意性**： もし $x \triangle y = e$，$x \triangle z = e$ ならば $y = z$

これも簡約法則から明らかである．なおここから「x の逆元を x' で表す」ことが正当化される．

> **応用問題　逆元の性質**：群 G の任意の要素 $x, y \in G$ について，次の公式が成り立つことを証明しなさい．
> (1) $(x')' = x$
> (2) $(x \triangle y)' = y' \triangle x'$
>
> 〈解答〉 (1) 定義 3(3) $x' \triangle x = e = x' \triangle (x')'$ から，簡約法則によって明らか．
>
> (2)
> $$(x \triangle y) \triangle (y' \triangle x') = x \triangle (y \triangle (y' \triangle x'))$$
> $$= x \triangle ((y \triangle y') \triangle x') = x \triangle (e \triangle x') = x \triangle x'$$
> $$= e = (x \triangle y) \triangle (x \triangle y)'$$
>
> したがって，再び簡約法則によって，$(x \triangle y)' = y' \triangle x'$ である．

2.5 部分群と正規部分群

群 $(G, \triangle)$ において,要素の間の演算 $\triangle$ を G の部分集合 H, H' に対する演算に拡張しておくと,いろいろ便利なことがある.

定義 4 集合 $H, H' \subseteq G$ に対して,演算 $\mathbf{\triangle}$ を次のように定める:

$$H \mathbf{\triangle} H' = \{x \triangle y \mid x \in H, y \in H'\}$$

注意 右辺の演算は,G の要素に対する本来の演算 $\triangle$ であるが,左辺の演算は「G の部分集合」に拡張された演算であるから,太字 $\mathbf{\triangle}$ にしておいた.

⟨例 1⟩ 群 $(\mathbb{Z}, +)$ の中で

$$\begin{aligned}\{0,1,2\} \mathbf{+} \{2,3\} &= \{0+2,\ 0+3,\ 1+2,\ 1+3,\ 2+2,\ 2+3\} \\ &= \{2, 3, 4, 5\}\end{aligned}$$

⟨例 2⟩ 整数 m の倍数をすべて集めた集合をあっさり (m) で表すと,

$$\begin{aligned}(m) &= \{0,\ \pm m,\ \pm 2m,\ \pm 3m,\ \cdots\} \\ &= \{km \mid k \in \mathbb{Z}\}\end{aligned}$$

ということであるが,

$$\begin{aligned}&(5) \mathbf{+} \{1\}\ (\text{要素 1 だけの集合}) \\ &= \{0,\ \pm 5,\ \pm 2 \times 5,\ \pm 3 \times 5,\ \cdots\} + \{1\} \\ &= \{0+1,\ \pm 5+1,\ \pm 2 \times 5+1,\ \pm 3 \times 5+1,\ \cdots\}\end{aligned}$$

$$= \{5k+1 \mid k \in \mathbb{Z}\}$$

注意 あとの集合が 1 つの要素 c しか含まないときは，$H \triangle \{c\}$ を $H \triangle c$ と略記することがある．するとたとえば $(5) + \{1\}$ は $(5) + 1$ と書ける．

事実 4 要素に対する演算 $\triangle$ が結合法則をみたすなら，集合に対する演算 $\triangle$ も，結合法則をみたす：

$$A \triangle (B \triangle C) = (A \triangle B) \triangle C$$

両辺とも，$x \in A$, $y \in B$, $z \in C$ によって

$$x \triangle y \triangle z$$

と表せる要素の集合なので，それはあたりまえである．

定義 5 ある群 $(G, \triangle)$ の中で，G の部分集合 H が同じ演算 $\triangle$ について群になるとき，

群 $(H, \triangle)$ は群 $(G, \triangle)$ の**部分群**である

という．

〈例〉 $((m), +)$ は，$(\mathbb{Z}, +)$ の部分群である．実際，"$+$" が (m) の中の演算でも閉じていること：

$$x, y \in (m) \quad \text{ならば} \quad x + y \in (m)$$

は明らかであろうし，(1) 結合法則，(2) 単位元の存在 ($0 \in (m)$)，(3) 逆元の存在 ($x \in (m)$ ならば $-x \in (m)$) もすべて成り立つ.

なお任意の置換群は，対称群の部分群である.

事実 5 $(H, \triangle)$ が $(G, \triangle)$ の部分群ならば，次のことが成り立つ.

$$H \triangle H = H$$

〈証明〉 $H \triangle H \subseteq H$ は成り立っているので，その逆：$H \subseteq H \triangle H$ を示せばよい. 単位元 $e \in H$ から，$x \in H$ ならば

$$x = x \triangle e \in H \triangle H$$

$x \in H$ は任意であるから

$$H \subseteq H \triangle H$$

したがって $H \triangle H = H$ である. 〈証明終わり〉

次に，整数 $\mathbb{Z}$ の世界で大活躍する合同関係 "≡" にならって「群 H を法とする合同関係」を導入しよう.

定義 6 $(H, \triangle)$ が $(G, \triangle)$ の部分群であるとき，$x, y \in G$ に対して

$$x \triangle y' \in H$$

が成り立つことを，「x と y は H **を法として合同**である」といって，記号

$$x \sim_H y$$

で表す.

〈例〉 $(\mathbb{Z}, +)$ の部分群 $((m), +)$ によって $\mathbb{Z}$ の中に導入された関係 $\sim_{(m)}$ は, m を法とする合同とまったく同じものである.

事実 6　(1) この関係 $\sim_H$ は, 同値関係である.
なおこの同値関係から決まる同値類の集合 (**同値類系**) を, 記号 G/H で表す.
(2) その同値関係 $\sim_H$ による同値類で, 要素 a を含むもの

$$C(a) = \{x \in G \mid x \sim_H a\}$$

は, 次のように表せる:

$$C(a) = H \triangle a$$

〈証明〉　(1)　㋐　反射性: $x \triangle x' = e \in H$ であるから, $x \sim_H x$
㋑　対称性: $x \sim_H y$, すなわち $x \triangle y' \in H$ ならば, $(x \triangle y')' \in H$ であるから

$$y \triangle x' = (x \triangle y')' \in H$$

したがって, $y \sim_H x$ が成り立つ.
㋒　推移性: $x \sim_H y$ でしかも $y \sim_H z$, すなわち $x \triangle y', y \triangle z' \in H$ ならば,

$$x \triangle z' = x \triangle (e \triangle z') = x \triangle (y' \triangle y \triangle z')$$
$$= (x \triangle y') \triangle (y \triangle z') \in H \triangle H = H$$

したがって，$x \sim_H z$ が成り立つ．

(2) a を含む同値類 C は，$x \triangle a' \in H$ をみたす x，いいかえれば

「ある $h \in H$ について，$x \triangle a' = h$ をみたす」ような x の集合

である．しかし $x \triangle a' = h$ は（両辺に"$\triangle a$"を付け加えて a' を"移項"すれば）$x = h \triangle a$ と同等であるから，

$$C = \{h \triangle a \mid h \in H\} = H \triangle a \qquad \langle 証明終わり \rangle$$

ここからさっそく，次の定理が導かれる．

定理3（ラグランジュ） G が有限集合で，$(H, \triangle)$ が $(G, \triangle)$ の部分群であれば，それぞれの要素の個数を $|G|, |H|$ で表すと，$|H|$ は $|G|$ の約数である．

〈証明〉 G は有限個の同値類の和集合として表されるが，どの同値類も

$$H \triangle a$$

と表されるから，$H = \{c_1, c_2, \cdots, c_m\}$（$c_j$ はすべて異なる）とすると

$$H \triangle a = \{c_1 \triangle a, c_2 \triangle a, \cdots, c_m \triangle a\}$$

で，$j \neq k$ のとき $c_j \triangle a \neq c_k \triangle a$（もし "=" だと，簡約法則によって $c_j = c_k$ になってしまう）．つまり「$c_j \triangle a$ もすべて異なる」ので，

$$|H \triangle a| = |H|$$

が成り立つ．このように，どの同値類の要素の個数も H と同じなので，同値類の個数を t とすると $|G| = t \cdot |H|$ となり，$|H|$ は $|G|$ の約数である． 〈証明終わり〉

補足 事実 1 (64 ページ) で「集合 H_j の要素の個数 $|H_j|$ はみな等しい」ことを証明したが，実は H_1 は R の部分群で，H_j は R/H_1 の 1 つの同値類であり，定理 3 の証明と同じことを先取りしていた．

整数の場合，合同関係 $\equiv$ は演算 $+$，$-$，$\times$ と"両立"するので，第 1 章の同値類系と演算（40 ページ）で述べたように，同値類系 $\mathbb{Z}/(m)$ にも演算 $+$，$-$，$\times$ が導入できるのであった．これは近代整数論の強力な研究手段であるが，部分群 H から導かれる同値関係 $\sim_H$ については，演算 $\triangle$ との両立性は保証されない．しかし次のことは言える．

事実 7 部分群 H が次の条件 (#)：

$$\text{任意の } x \in G \text{ に対して，} \quad x \triangle H = H \triangle x \quad \cdots\cdots (\#)$$

をみたすときには，同値関係 $\sim_H$ は演算 $\triangle$ と両立する．

〈**証明**〉 証明の目標は，次のように表せる．

$$a \sim_H x \text{ でしかも } b \sim_H y \text{ ならば，} a \triangle b \sim_H x \triangle y$$

ところで $a \sim_H x$ とは $a \triangle x' \in H$ のことで，それはまた

$$a = a \triangle (x' \triangle x) = (a \triangle x') \triangle x \in H \triangle x$$

とも表せる．だから $a\sim_H x$ でしかも $b\sim_H y$ とは

$$a \in H \triangle x, \quad b \in H \triangle y$$

のことであって，

$$\begin{aligned}
a\triangle b \in (H\triangle x)\triangle(H\triangle y) &= H\triangle(x\triangle H)\triangle y \\
&= H\triangle(H\triangle x)\triangle y \quad \cdots\cdots\text{ ここで条件 (\#) を使う} \\
&= (H\triangle H)\triangle(x\triangle y) = H\triangle(x\triangle y)
\end{aligned}$$

これは $a\triangle b \sim_H x\triangle y$ を意味している．したがって関係 $\sim_H$ は演算 $\triangle$ と両立する． 〈証明終わり〉

> **補足** 条件 (#) は，ここで示したとおり「両立性が成り立つための十分条件」であるが，実は必要条件でもある．しかしあとで使わないので，そのことの証明は省略する．

定義 7 $(G, \triangle)$ の部分群 $(H, \triangle)$ は，前ページの事実 7 の条件 (#) をみたすとき，**正規部分群**と呼ばれる．

〈例〉 群 $(\mathbb{Z}, +)$ の部分群 $((m), +)$ は，正規部分群である．一般に可換群の部分群は，すべて正規部分群である．

〈反例〉 60 ページで述べた群 $R = \{\sigma^k \mid 0 \leqq k \leqq 5\}$，小さな群 $S = \{\iota, \lambda\}$ などは，6 次の対称群 S_6 の部分群ではあるが，正規部分群ではない（確認は面倒であるが，$\lambda \cdot R \neq R \cdot \lambda$ や $\sigma \cdot S \neq S \cdot \sigma$ は機械的な計算でわかるので，熱心なかたは調べてみられるとよい）．

正規部分群によって，整数論において強力な研究手段であった「新しい代数系 $(\mathbb{Z}/(m), +, \times)$ の構成」を，群論にも（部分的に）取り入れることができる．本書では述べられないがガロア理論でも，"正規部分群" の概念が

大活躍するのである.

> **定理 4** $(H, \triangle)$ が $(G, \triangle)$ の正規部分群であれば,同値類系 G/H に導入される演算 $\triangle$ について,代数系 $(G/H, \triangle)$ は群になる.これを**商群**という.

〈例〉 $H = (3) = \{0, \pm 3, \pm 6, \pm 9, \cdots\}$ とおくと,群 $(H, +)$ は群 $(\mathbb{Z}, +)$ の部分群($\mathbb{Z}$ は可換だから,正規部分群)になり,同値類系

$$\mathbb{Z}/H = \{H, H+1, H+2\}$$

が決まる.それが群であることは,すでに述べたとおりであるが,念のため繰り返すと:

(1) 結合法則: もともとの演算 + が結合法則をみたすのだから,同値類(集合)に対する演算 **+** も結合法則をみたす(事実 4).
(2) 単位元の存在: $(3) + 0 = (3)$ が単位元である.
(3) 逆元の存在: $(3) + x$ の逆元は,$(3) + (-x)$ である.

定理 4 の証明は,この例についての説明を手直しすればよいので,省略する($\mathbb{Z}$ を G に,集合 (3) を H に,+ を $\triangle$ に,0 を単位元 e に,$(-x)$ を x' に書き換えればよい).

最後に「似ている群」を関係づける"(準)同型"の概念を導入しておこう.

> **定義 8** 群 $(G, \triangle)$ と $(H, \triangle)$ の間の関数
>
> $$\Phi : G \to H$$
>
> が次の性質をみたすとき,Φ を群 $(G, \triangle)$ と群 $(H, \triangle)$ の間の**準同型**

写像という：

$$\text{任意の } \sigma, \tau \in G \text{ に対して}, \quad \Phi(\sigma \triangle \tau) = \Phi(\sigma) \triangle \Phi(\tau)$$

ただし $\triangle$ は左辺では G の中の演算，右辺では H の中の演算を表す．

　この関数 Φ が特に「1 対 1 で，対応もれがない」場合，Φ を**同型写像**といい，群 $(G, \triangle)$ と $(H, \triangle)$ とは**同型**であるという．また群 $(G, \triangle)$ と $(H, \triangle)$ とが同型であることを，次の記号で表す：

$$G \cong H$$

注意 厳密には $(G, \triangle) \cong (H, \triangle)$ と書くべきであろうが，昔からの習慣に従って演算記号を省略した．

〈例 1〉　$\Phi : \mathbb{Z}/(m) \to \mathbb{Z}_m \ (= \{0, 1, 2, \cdots, m-1\})$ を

$$\Phi(C(k)) = k \qquad (0 \leqq k < m)$$

と定めると，この Φ は群 $(\mathbb{Z}/(m), +)$ から群 $(\mathbb{Z}_m, \oplus)$ への同型写像になっている．すなわち

$$\mathbb{Z}/(m) \cong \mathbb{Z}_m$$

〈例 2〉　$\Psi : \mathbb{Z} \to \mathbb{Z}/(m)$ を

$$\Psi(k) = (m) + k$$

と定めると，この Ψ は群 $(\mathbb{Z}, +)$ から群 $(\mathbb{Z}/(m), +)$ への準同型写像になっ

ている．この写像 Ψ は「対応もれがない」けれど「1 対 1」ではないので，同型写像ではない．

事実 8 $\Phi: G \to H$ が群 G, H の間の準同型写像であれば，次のことが成り立つ．

(1) $\Phi(G \text{ の単位元}) = H \text{ の単位元}$
(2) $\Phi(x \text{ の } G \text{ の中での逆元 } x') = \Phi(x) \text{ の } H \text{ の中での逆元 } \Phi(x)'$

〈証明〉 (1) $\Phi(x) \cdot \Phi(e) = \Phi(x \cdot e) = \Phi(x) = \Phi(x) \cdot e'$, したがって簡約法則から $\Phi(e) = e'$
(2) $\Phi(x) \cdot \Phi(x') = \Phi(x \cdot x') = \Phi(e) = e'$

したがって逆元の一意性から，$\Phi(x') = \Phi(x)'$ である． 〈証明終わり〉

以下の概念と定理は，代数系の理論の基本であるが，本書ではあとで利用する機会がないので紹介だけにとどめ，証明も簡略にしておく．

定義 9 2 つの群 $(G_1, \cdot)$, $(G_2, \cdot)$ の間の準同型写像

$$\Phi: G_1 \to G_2$$

に対して，次の記号を導入する．

$$\text{Image}\, \Phi = \{\Phi(\sigma) \mid \sigma \in G_1\}$$
$$\text{Kernel}\, \Phi = \{\sigma \in G_1 \mid \Phi(\sigma) = \iota \,(\text{単位元})\}$$

定理5（準同型定理） 2つの群 $(G_1, \cdot)$, $(G_2, \cdot)$ の間の準同型写像 $\Phi : G_1 \to G_2$ について，次のことが成り立つ.

(1) $\operatorname{Kernel} \Phi$ は G_1 の正規部分群である.
(2) $\operatorname{Image} \Phi$ は G_2 の部分群である.
(3) $G_1 / \operatorname{Kernel} \Phi \cong \operatorname{Image} \Phi$

〈略証〉　(1)-1　$\operatorname{Kernel} \Phi$ が G_1 の部分群であること： それは簡単で，もし

$$\sigma, \tau \in \operatorname{Kernel} \Phi$$

ならば $\Phi(\sigma) = \Phi(\tau) = e$ であるから，

$$\Phi(\sigma \cdot \tau) = \Phi(\sigma) \cdot \Phi(\tau) = e \cdot e = e,$$
$$\Phi(\sigma^{-1}) = \Phi(\sigma)^{-1} = e^{-1} = e$$

であるから，$\sigma \cdot \tau$ も σ^{-1} も，$\operatorname{Kernel} \Phi$ に属している.

(1)-2　$\operatorname{Kernel} \Phi$ が G_1 の正規部分群であること： 任意の $\sigma \in G_1$ について

$$\sigma \cdot \operatorname{Kernel} \Phi = \operatorname{Kernel} \Phi \cdot \sigma$$

であることを示せばよい.

$$\begin{aligned}
& \tau \in \sigma \cdot (\operatorname{Kernel} \Phi) \\
\iff & \sigma^{-1} \cdot \tau \in \operatorname{Kernel} \Phi \iff \Phi(\sigma^{-1} \cdot \tau) = e \\
\iff & \Phi(\sigma^{-1}) \cdot \Phi(\tau) = e \iff \Phi(\sigma)^{-1} \cdot \Phi(\tau) = e \\
\iff & \Phi(\tau) = \Phi(\sigma)
\end{aligned}$$

$$\begin{aligned}&\iff \Phi(\tau)\cdot\Phi(\sigma)^{-1}=e \iff \Phi(\tau)\cdot\Phi(\sigma^{-1})=e\\&\iff \Phi(\tau\cdot\sigma^{-1})=e \iff \tau\cdot\sigma^{-1}\in\operatorname{Kernel}\Phi\\&\iff \tau\in(\operatorname{Kernel}\Phi)\cdot\sigma\end{aligned}$$

(2) $\operatorname{Image}\Phi$ が G_2 の部分群であること：$\Phi(\sigma),\Phi(\tau)\in\operatorname{Image}\Phi$ であれば，$\Phi(\sigma)\cdot\Phi(\tau)=\Phi(\sigma\cdot\tau)\in\operatorname{Image}\Phi$, $\Phi(\sigma)^{-1}=\Phi(\sigma^{-1})\in\operatorname{Image}\Phi$ なので，明らか．

(3)-1 「1対1で対応もれがない」関数 $\Psi:G_1/\operatorname{Kernel}\Phi\to\operatorname{Image}\Phi$ を定義できること：(1)-2 の証明の途中で示されているように，$\Phi(\sigma)=\Phi(\tau)$ であるための必要十分条件は

τ は σ と同じ同値類 $(\operatorname{Kernel}\Phi)\cdot\sigma$ に属している

ことなので，

$$\Psi((\operatorname{Kernel}\Phi)\cdot\sigma)=\Phi(\sigma)$$

と定めれば，Ψ は $G_1/\operatorname{Kernel}\Phi$ から $\operatorname{Image}\Phi$ への関数になり，1対1であることも対応もれがないことも明らかである．

(3)-2 この Ψ が準同型写像の条件をみたすこと：

任意の同値類 $C=(\operatorname{Kernel}\Phi)\cdot\mu,\ D=(\operatorname{Kernel}\Phi)\cdot\nu$ に対して
$$\Psi(C\cdot D)=\Psi((\operatorname{Kernel}\Phi)\cdot\mu\cdot\nu)=\Phi(\mu\cdot\nu),$$
$$\Psi(C)\cdot\Psi(D)=\Phi(\mu)\cdot\Phi(\nu)=\Phi(\mu\cdot\nu)$$

すなわち $\Psi(C\cdot D)=\Psi(C)\cdot\Psi(D)$ である． 〈略証終わり〉

第3章
環の理論
—整数と多項式はおんなじだ，という理論—

　環とは，整数と多項式に共通する基本的な性質を抽象化して得られる代数系のことである．整数については第1章である程度の解説がすんでいるので，まず多項式について，簡単な復習をまとめておいた．次に「環」の公理系を導入し，一般的な性質を述べ，それから整数と多項式に共通する性質を少しずつ解説してゆく．それには次の方法がある．

(I)　整数について証明したことが，多項式にもあてはまること，またそのことが同じような手順で証明できることを指摘する（証明の詳細には立ち入らない）．

(II)　環の理論によって，整数と多項式に共通する性質をまとめて証明する．

　前者はわかりやすいが，「ずるい」と言われればそのとおりである．逆に後者は，証明としては模範的・効率的（代数系の威力！）であるが，慣れるまでは抽象的でわかりにくい．このように一長一短があるので，この章では第1章で証明した

　　　ユークリッドの互除法と，1次の不定方程式

については(I)に従い，第1章では結果だけ述べて証明しなかった

公倍数・公約数の性質（事実 4～7）と
素因数分解の一意可能性（定理 2）

については(II)を用いて，バランスをとることにした．

以上が前半で，後半では数学の進んだ理論の土台となる，「新しい環の構成」など，環の構造にかかわる理論を紹介する．ここでは基礎的な部分しか紹介できないが，たとえば「商環」の概念は，第 4 章でさっそく役に立つはずである．

3.1 多項式と加減乗除

多くのかたにとっては復習であろうが，確認のために眼を通しておいてほしい．

係数 $a_n, a_{n-1}, \cdots, a_0$（定数項も含める）がすべて整数あるいは実数などの 1 変数多項式は，次のような形で表される（習慣に従って，乗算記号を省略する）．

$$f(X) = a_n X^n + a_{n-1} X^{n-1} + \cdots + a_2 X^2 + a_1 X + a_0$$

$a_n \neq 0$ のとき，これを n 次多項式といい，n をこの多項式の次数という．定数関数

$$g(X) = a_0$$

も多項式で，$a_0 \neq 0$ の場合は次数は 0，<u>$a_0 = 0$ の場合は次数は -1</u> と約束する．

係数の集合を明示する必要があるときは，

整数係数のすべての多項式の集合 $= \mathbb{Z}[X]$,
実数係数のすべての多項式の集合 $= \mathbb{R}[X]$

などの記法を利用する——これを利用すれば，たとえば「$f(X)$ が実数係数の多項式である」ことは，短く

$$f(X) \in \mathbb{R}[X]$$

と書ける．また一般に

> 係数がすべて集合 A の要素であるような，
> 文字△を変数とする多項式の集合

を $A[\triangle]$ で表す．2 変数以上の多項式の集合 $\mathbb{Z}[X,Y]$, $\mathbb{R}[X,Y,Z]$ などを考えることもできる．

多項式には，加減算と乗算が定義できる：ふつうの数の加減算・乗算とよく似ているが，「繰り上がり・繰り下がり」がないところはかえって簡単である．

〈例〉

$$\begin{array}{r} X^3 - 2.5X^2 + 3.5X - 5 \\ +\quad\quad\quad 2X^2 \quad\quad - X + 3 \\ \hline X^3 - 0.5X^2 + 2.5X - 2 \end{array}$$

$$\begin{array}{r} X^3 - 2.5X^2 + 3.5X - 5 \\ \times \quad\quad\quad 2X^2 \quad\quad - X + 3 \\ \hline 3X^3 - 7.5X^2 + 10.5X - 15 \quad \cdots\cdots \times 3 \\ -X^4 + 2.5X^3 - 3.5X^2 + 5X \quad\quad \cdots\cdots \times (-X) \\ 2X^5 - 5X^4 + 7X^3 - 10X^2 \quad\quad\quad\quad \cdots\cdots \times (2X^2) \\ \hline 2X^5 - 6X^4 + 12.5X^3 - 21X^2 + 15.5X - 15 \end{array}$$

なお m 次多項式と n 次多項式の積は，$m, n \geqq 0$ の場合，必ず $m + n$ 次多項式になる．

以上は整数係数の多項式でもできるが，実数（あるいは有理数，複素数な

ど，0以外の数での割り算ができる）係数の多項式であれば，さらに「割って余りを求める」こともできる．正確に言うと，任意の多項式 $g(X)$ を，0 でない（0次以上の）任意の多項式 $f(X)$ で割って，商と余りを求めることができるのである．

〈例〉

$$
\begin{array}{r}
0.5X-1 \quad \cdots\cdots 商 \\
2X^2-X+3 \overline{\smash{\big)}\,X^3-2.5X^2+3.5X-5} \\
\underline{X^3-0.5X^2+1.5X} \\
-2X^2+2X-5 \\
\underline{-2X^2+X-3} \\
X-2 \quad \cdots\cdots 余り
\end{array}
$$

すなわち，3次多項式

$$g(X) = X^3 - 2.5X^2 + 3.5X - 5$$

を2次多項式

$$f(X) = 2X^2 - X + 3$$

で割れば，

商は $0.5X - 1$，　**余り**は $X - 2$

ということである．これは整数の場合と同様，次のような等式で表すことができる．

$$g(X) = \underbrace{(0.5X - 1)}_{商} \cdot f(X) + \underbrace{(X - 2)}_{余り}$$

そして余りの次数は，割るほうの多項式 $f(X)$ ($\neq 0$) の次数より必ず小さくできる．そうすれば，$(0.5X-1)\cdot f(X)$ の次数は $g(X)$ の次数に等しく，

$$g(X) \text{ の次数} = \text{商の次数} + f(X) \text{ の次数}$$

になる（さもなければ，"="が成り立たない）．そのように次数をあわせれば，$g(X)$ を $f(X) \neq 0$ で割った商と余りは，ただ1組確定する．

> **注意** 整数係数の多項式では，こうはいかない——整数係数に限ると，最高次の項を消せるとは限らないからである．

実数（有理数）係数の多項式は，0でないどんな定数（0次の多項式）で割っても割り切れて，余りは0（−1次多項式）になる．

〈例〉

$$(X^3 - 2.5X^2 + 3.5X - 5) \div 3.2 = \frac{1}{3.2}X^3 - \frac{2.5}{3.2}X^2 + \frac{3.5}{3.2}X - \frac{5}{3.2}$$

いいかえれば

$$X^3 - 2.5X^2 + 3.5X - 5$$
$$= \left(\frac{1}{3.2}X^3 - \frac{2.5}{3.2}X^2 + \frac{3.5}{3.2}X - \frac{5}{3.2}\right) \times 3.2 + 0$$

1つの多項式を，たとえば

$$X^4 + X^2 - 2 = (X^2 + 2)(X + 1)(X - 1)$$

のように2つ以上の多項式の積で表すとき，掛けられている個々の多項式をもとの多項式の**因数**（factor）といい，因数の積で表すことを**因数分解**と

いう．それより次数の低い因数の積に分解できない 1 次以上の多項式を，
既約多項式という．ただし「どの範囲の多項式を考えているか」は重要で，
たとえば 2 次式 $(X^2 - 2)$ は $\mathbb{Z}[X]$ や $\mathbb{Q}[X]$ では既約であるが，$\mathbb{R}[X]$ では
$(X + \sqrt{2})(X - \sqrt{2})$ と因数分解できるので，既約ではない．1 次式 $(X+1)$,
$(2X - 4)$ 等々はすべて既約多項式である．

> **注意** $2X - 4 = 2 \cdot (X - 2)$ のように「定数係数をくくりだす」だけで
> は，右辺に左辺と同じ 1 次の式が含まれているので，「次数の低い因
> 数の積」とはいえないので，本書では因数分解とは言わない．

$\mathbb{Q}[X], \mathbb{R}[X], \mathbb{C}[X]$ などでは，0 でない定数による除算が自由にできるの
で，因数は定数倍に関係ない：たとえば

$$X^2 - 3 = (X + \sqrt{3}) \cdot (X - \sqrt{3})$$
$$= (10X + 10\sqrt{3})(0.1X - 0.1 \times \sqrt{3})$$

とも書けるので，f が g の因数なら，任意の $c \, (\neq 0)$ に対して $c \cdot f$ も g の
因数になる．そこで，定数倍で移り替われる，いわば "等価な" 多項式の
代表として，最高次の係数を 1 にした（最高次の係数をくくりだした，各
係数を最高次の係数で割った）

$$X^n + b_{n-1}X^{n-1} + \cdots + b_2X^2 + b_1X + b_0$$

を考えることがある．これを**モニックな多項式**という．

3.2 環とは何か

次に，代数系「環」の一般的な定義を述べておこう．どれも整数につい
てはあたりまえの性質ばかりであるが，「文字 $x, y, z, \cdots$ が，数式（多項式，
あるいは有理式）を表している」と考えても成立することに，注意してほ
しい．

補足 "環" とは，ドイツの数学者ヒルベルト（1862–1943）が用いたドイツ語リンク（Ring）の訳語で，原語を独和辞典で調べてみると，指輪など"輪（環）"をさすこともたしかにあるが，ボクシングの「リング」のように，競技場・土俵など，ある区域ないし領域を意味することもある．日本語訳・環やフランス語訳・アノー（anneau）にはそういう意味はないが，「ヒルベルトの Ring は，競技場のようなものではなかったろうか．区域的な意味が当然あるべきところだ」という説もあり，そう考えたほうが代数系の名前としては妥当なように思う（高木貞治「日本語で数学を書く，等々」，『数学の自由性』ちくま学芸文庫，69 ページ）．

ここからしばらく抽象的な話が続くが，整数や多項式の例をあてはめながら読んでゆけば，さほどむずかしくないはずである——実例をあてはめながら読むのは，一般論を理解するためのだいじな要領なので，その練習にもなると思う．

定義 1 **環**とは，ある集合 A で定義されている 2 つの演算 $+$, $\times$ について，以下の性質をみたす代数系 $(A, +, \times)$ のことである．

注意 演算 $+, \times$ はもちろん集合 A の中で閉じている．

(1) $(A, +)$ は可換群，すなわち次の条件をみたす：
① **結合法則**が成り立つ：
$$x + (y + z) = (x + y) + z$$

② **交換法則**が成り立つ：
$$x + y = y + x$$

③ **加法 $+$ についての単位元** 0 がある：
$$0 + x = x + 0 = x$$

④ 任意の x に対して，**加法についての逆元** $(-x)$ がある：

$$x + (-x) = (-x) + x = 0$$

(2) 乗法 $\times$ については，次の性質が成り立つ：
  ① **結合法則**が成り立つ：

  $$x \times (y \times z) = (x \times y) \times z$$

  ② **交換法則**が成り立つ：

  $$x \times y = y \times x$$

  ③ 乗法 $\times$ についての，0 と異なる**単位元** 1 がある：

  $$\text{任意の } x \in A \text{ について，} \quad 1 \times x = x \times 1 = x$$

  ④ 演算 $+$ との間に，**分配法則**が成り立つ：

  $$x \times (y + z) = (x \times y) + (x \times z),$$
  $$(x + y) \times z = (x \times z) + (y \times z)$$

(1)①〜④，(2)①〜④を**環の公理**という．

> **注意 1** 文字 $x, y, z, \cdots$ は，整数，あるいは実数ばかりでなく，多項式を表す場合もある．だからあとで具体例を当てはめるときは，たとえば多項式であれば(1)①を
> $$f(X) + (g(X) + h(X)) = (f(X) + g(X)) + h(X)$$

などと読みかえて（書きかえて）いただきたい．

注意2 演算 $+$ を加法，$\times$ を乗法と呼ぶが，通常の加法・乗法と一致するとは限らない．しかしほとんど $+$, $\times$ の例しか扱わないので，記号 Δ や $\bigcirc$ などは避けておく．

注意3 $1 = 0$ だとすると，A の要素は 0 だけであることが証明されてしまう．そのような環を"単位環"と呼ぶこともあるが，実用性はないので，本書では最初から排除しておく．

〈例1〉 $(\mathbb{Z}; +, \times)$ は環である（加法の単位元は 0，乗法の単位元は 1）．

〈例2〉 $(\mathbb{R}; +, \times)$ も環である（これはあとで述べる**体**でもある）．

〈例3〉 $(\mathbb{Z}/(m), +, \times)$（41〜42 ページ）は環である．

〈例4〉 $(\mathbb{Z}_m, \oplus, \otimes)$（43 ページ）は環である．

〈例5〉 整数係数の 1 変数多項式の集合 $\mathbb{Z}[X]$ において，多項式のふつうの加法，乗法を $+$, $\times$ で表すと，$(\mathbb{Z}[X], +, \times)$ は環になる．ただし加法の単位元は定数 0（-1 次多項式），乗法の単位元は定数 1（0 次多項式）である．

〈例6〉 実数係数の 1 変数多項式の全体を $\mathbb{R}[X]$ とすると，多項式のふつうの加算，乗算 $+$, $\times$ について，$(\mathbb{R}[X], +, \times)$ も環になる．

$(A, +, \times)$ が環ならば，$(A, +)$ は群であるから，加法 $+$ についての単位元 0 の一意性や逆元の一意性，簡約法則はもちろん成り立つ（74〜75 ページ）．また乗法 $\times$ の単位元 1 の一意性も容易に導かれる．実際，もし 1 と $1'$ が乗法の単位元なら，環の公理(2)③から

$$1 = 1 \times 1' = 1'$$

例題 次のことを証明しなさい：

　　加法の単位元 0 の，加法についての逆元 "-0" は，0 自身である．

〈解説〉 整数 0 についてはあたりまえのことで，証明のしよう

がないと思うが，一般論の中では記号"0"の実体は不明なので，「上の公理系をみたすどんな環でも，必ず $-0 = 0$ である」ことが証明の目標である．要するに「公理系から等式 $-0 = 0$ を導けばよい」ので，それは次のようにしてできる：

公理(1)③から　$0 + (-0) = (-0)$,
公理(1)④から　$0 + (-0) = 0$

なので，

$$(-0) = 0 + (-0) = 0$$

注意　等号"="の対称性や推移性は，自由に使ってよい．

事実 1　任意の x に対して，

$$0 \times x = x \times 0 = 0$$

〈証明〉

$$\begin{aligned} x + (0 \times x) &= (1 \times x) + (0 \times x) \\ &= (1 + 0) \times x \\ &= 1 \times x \\ &= x = x + 0 \end{aligned}$$

すなわち

$$x + (0 \times x) = x + 0$$

したがって加法の簡約法則（74ページ）によって，$0 \times x = 0$　〈証明終わり〉

事実 2 加法の逆元を表す "−" の性質

(1) $-x = (-1) \times x$
(2) $-(x \times y) = (-x) \times y = x \times (-y)$

〈証明〉
(1)
$$x + (-1) \times x = 1 \times x + (-1) \times x$$
$$= (1 + (-1)) \times x = 0 \times x = 0$$
$$= x + (-x)$$

したがって，再び簡約法則によって，$(-1) \times x = (-x)$

(2)
$$-(x \times y) = (-1) \times x \times y$$
$$= ((-1) \times x) \times y = (-x) \times y$$

また

$$(-1) \times x \times y = x \times (-1) \times y = x \times ((-1) \times y)$$
$$= x \times (-y) \qquad \text{〈証明終わり〉}$$

任意の環で，次の概念が定義できる．

定義 2 $x = y \times z$ が成り立つとき，

x を y, z の**倍元**， y, z を x の**約元**

という．「x は y, z で**割り切れる**」ということもある．

⟨例 1⟩　$(\mathbb{Z}, \times, +)$ においては，倍元・約元とは倍数・約数のことである．なお 6 の約元（約数）は ± 1，± 2，± 3，± 6 の 8 個あるが，正整数に限れば 1，2，3，6 の 4 個だけである．

⟨例 2⟩　$(\mathbb{R}[X], +, \times)$ においては，約元とは因数のことであり，たとえば

$$X^2 - 3 = (X + \sqrt{3})(X - \sqrt{3})$$
$$= (2X + 2\sqrt{3})(0.5X - 0.5\sqrt{3})$$

から，$X^2 - 3$ は $(X + \sqrt{3})$，$(X - \sqrt{3})$，$(2X + 2\sqrt{3})$，$(0.5X - 0.5\sqrt{3})$ 等々の倍元で，これらの因数は $X^2 - 3$ の約元である．

> **定義 3**　環 A のすべての要素の約元である要素を，A の**単元**という．

⟨例⟩　乗算 $\times$ の単位元 1 は単元で，1 の約元も単元である．$\mathbb{Z}$ や $\mathbb{Z}[X]$ においては，単元とは単数 1，-1 のことである．また $\mathbb{R}[X]$ においては，単元とは 0 次多項式（0 でない定数）のことである．

> **注意**　すでに注意したように $\mathbb{R}[X]$ では，$X + \sqrt{3}$，$X - \sqrt{3}$ の（0 でない）定数倍はすべて $X^2 - 3$ の約元になるので，約元は無数にある．しかしモニックな多項式に限れば，$X^2 - 3$ の約元は $X + \sqrt{3}$，$X - \sqrt{3}$ の 2 つだけである．

> **事実 3**　どの単元にも乗法についての逆元があり，その逆元も単元である．また単元同士の積も単元である．

⟨応用⟩　すべての単元の集合を U とすると，$(U, \times)$ は群である．

$\mathbb{Z}$ においては $U = \{1, -1\}$，$\mathbb{R}[X]$ においては $U = \{x \neq 0 \mid x \in \mathbb{R}\}$ であるから，たしかに群になっている．

〈事実3の証明〉 $1 = c \times c' = d \times d'$ ならば，$\times$ は可換だから

$$(c \times d) \times (c' \times d') = (c \times c') \times (d \times d')$$
$$= 1 \times 1$$
$$= 1$$

となり，$c \times d$ も単元である．また単元 c は 1 の約元であるから $1 = c \times c'$ と書け，c' は「c の乗算 $\times$ についての逆元」で，これも 1 の約元だから単元である． 〈証明終わり〉

事実4 x の倍元の倍元は x の倍元で，z の約元の約元は z の約元である．

〈証明〉 $y = c \times x$, $z = d \times y$ ならば $z = (d \times c) \times x$ だから，明らか． 〈証明終わり〉

定義4 $x \in A$ が 2 つの要素 $y, z \in A$ の約元であるとき，「x は y, z の**公約元**である」という．また x が y, z の倍元であるとき，「x は y, z の**公倍元**である」という．

〈例〉 $\mathbb{Z}$ においては公約元とは公約数，公倍元とは公倍数のことで，多項式の環 $\mathbb{Z}[X]$ や $\mathbb{R}[X]$ においては公約元とは共通因数のことである．

定義5 単元で̇な̇い̇要素 x について，$x = y \times z$ のような"分解"が，y または z が単元の場合しかありえないとき，x を**素元**という．

〈例〉 $\mathbb{Z}$ においては素元とは素数のことである．多項式においては素元

表1 用語の対照表

環論の用語	整数$\mathbb{Z}$の中で	多項式環$\mathbb{R}[X]$中で
約元	約数	因数
倍元	倍数	（特別な言葉，なし）
単元	単数 （1, −1）	0次の多項式（0でない定数）
素元	素数	既約多項式
公約元	公約数	共通因数
公倍元	公倍数	（特別な言葉，なし）

とは既約多項式のことであるが，任意の1次式 $(X+c)$ は既約だから，素元である．なお単元（±1 や 0 次多項式）は素元で$\overset{\bullet}{は}\overset{\bullet}{な}\overset{\bullet}{い}$．

事実5 p が素元なら，p の単元倍も素元である．

〈証明〉 c が単元で $c \times p = v \times w$ とすると，c の逆元（これも単元）c' によって

$$p = (c' \times v) \times w$$

と表せる．p は素元だから $(c' \times v), w$ のどちらかが単元で，もし $v' = c' \times v$ が単元なら，$c \times c' = 1$ だから，$c \times v' = v$ も単元である（事実4）．したがって v, w のどちらかは単元なので，$c \times p$ も素元である． 〈証明終わり〉

3.3 特殊な環

環の公理系は実は弱すぎて，実り多い結論を導くには不十分である．そこでいくつか特殊な環を取り上げて，それらの性質を考えることにしよう．

3.3.1 整域

> **定義 6** ある $y \neq 0$ に対して $x \times y = 0$ となる x を，**零因子**という．

0 は 1 つの零因子である（事実 1）が，場合によっては 0 のほかにも零因子が存在する．

〈例〉 環 $(\mathbb{Z}_m, \oplus, \otimes)$（44 ページ）では，$m = 6$ のとき $2 \neq 0$, $3 \neq 0$ であるが

$$2 \otimes 3 = (2 \times 3 \text{ を } 6 \text{ で割った余り}) = 0$$

となる——2 と 3 はどちらも「0 でない零因子」である．$\mathbb{Z}_6$ では 4 も零因子であるが，1 と 5 は零因子ではない．

> **定義 7** 0 が唯一の零因子である（0 以外の零因子がない）環は，**整域** と呼ばれる．

〈例〉 $\mathbb{Z}$, $\mathbb{R}$, $\mathbb{C}$ はどれも整域である．A が整域ならば，A の要素を係数とする多項式の環 $A[X]$ も整域である．また m が素数ならば $(\mathbb{Z}_m, \oplus, \otimes)$ は整域で，m が素数でなければ，$(\mathbb{Z}_m, \oplus, \otimes)$ は環ではあるが整域ではない．

> **事実 6（乗算 × についての簡約法則）** 整域では，次のことが成り立つ．
>
> もし $x \neq 0$ で $x \times y = x \times z$ ならば， $y = z$

⟨証明⟩ 仮定 $x \times y = x \times z$ の両辺に"$+x \times (-z)$"をつけ加えると

$$\text{左辺} = x \times y + x \times (-z) = x \times (y + (-z)),$$
$$\text{右辺} = x \times z + x \times (-z) = x \times (z + (-z)) = x \times 0 = 0$$

となるから，

$$x \times (y + (-z)) = 0$$

しかし $x \neq 0$ だから，整域においては

$$y + (-z) = 0$$

でなければならない．この等式の両辺に"$+z$"をつけ加えれば（$(-z)$ を移項すれば）

$$y = z$$

が導かれる． ⟨証明終わり⟩

3.3.2 体

体（「たい」と読む）は第 4 章の主題であるが，すぐあとで使いたいので，ここで導入しておく．

> **定義 8** 環 A が**体**であるとは，0 でない任意の要素 $x \in A$ に対して，**乗法についての逆元** y，すなわち $x \times y = y \times x = 1$ をみたす y が存在することをいう．
>
> あとで証明するように「x の逆元 y はただ 1 つ」なので，それを x^{-1} で表す．

〈例1〉 環 $(\mathbb{R}, +, \times)$ や環 $(\mathbb{C}, +, \times)$ は，体でもある．

〈例2〉 任意の素数 p について，$(\mathbb{Z}_p, \oplus, \otimes)$ は体である．

〈反例〉 代数系 $(\mathbb{Z}, +, \times)$ は，環（整域）ではあるが，$2, -3$ など 1 と -1 以外の要素は，0 でなくても乗法の逆元がないので，体では̇な̇い̇．

なお体では $x \neq 0$ に対して，$y \div x = y \times x^{-1}$ によって，演算 "$\div$" が定義できる．だから体とは，加減乗除が（"$\div 0$" を除き）自由にできる代数系である．

事実 7 体 $(A, +, \times)$ はもちろん環であるが，整域でもある．

〈証明〉 もし $x \times y = 0$ で $y \neq 0$ ならば，y の逆元 y^{-1} を右から掛けると

$$\begin{aligned}
\text{左辺} &= x \times y \times y^{-1} \\
&= x \times 1 \\
&= x, \\
\text{右辺} &= 0 \times y^{-1} = 0
\end{aligned}$$

であるから，$x = 0$ でなければならない． 〈証明終わり〉

〈応用〉 任意の体において，$x (\neq 0)$ の逆元 y はただ 1 つである：

もし $x \times y = 1$ でしかも $x \times z = 1$ ならば，$y = z$

これは逆元の定義から直接証明することもできるが，「整域では乗法の簡約法則が使える」ことから明らかである：

$x \times y = x \times z$ ならば（$= 1$ であってもなくても） $y = z$

3.3.3 ユークリッド整域

(A) ユークリッド整域とは

整域と体の中間に位置するのが"ユークリッド整域"という，重要な代数系である．整数と多項式の多くの重要な性質が，ユークリッド整域で証明できる．

整数 $\mathbb{Z}$ では，0 でない任意の x と任意の y（$= 0$ でもよい）に対して，次の性質をみたす整数 q（商）と d（余り，最小非負剰余）が必ず存在する：

$$y = q \times x + d, \quad 0 \leqq d < |x|$$

多項式環 $\mathbb{R}[X]$ では，0 でない任意の多項式 $f(X)$ と任意の多項式 $g(X)$ に対して，次の性質をみたす多項式 $q(X)$（商）と $d(X)$（余り，次数最小の多項式）が必ず存在する：

$$g(X) = q(X) \times f(X) + d(X), \quad -1 \leqq d \text{ の次数} < f \text{ の次数}$$

> **注意** 係数の集合 $\mathbb{R}$ は，体であれば何でもよく，$\mathbb{Q}$ あるいは $\mathbb{C}$ でもかまわない．$\mathbb{Z}$ は体ではないので，$f(X), g(X) \in \mathbb{Z}[X]$ では前に注意したように「$g(X)$ を $f(X)$ で割って，$f(X)$ より次数の低い余りを求める」ことができるとは限らない．

これらの性質は，次のようにまとめられる（あとの話を簡単にするために，普通の本に書いてあるより少し強い性質にしておく）．

定義 9 整域 $(A, +, \times)$ は，次の性質をみたすとき，**ユークリッド整域**と呼ばれる：

A の各要素 x に非負整数 $H(x)$ を対応させる関数 H があって，次の性質をみたす．

(ア) $H(0) = 0$ で，$H(x) = 0$ となるのは $x = 0$ の場合に限る．

(イ) $x, y \neq 0$ の場合，一般に $H(xy) \geqq H(x)$ で，$H(xy) = H(x)$ となるのは y が単元のときに限る．

(ウ) 0 でない任意の $x \in A$ と任意の $y \in A$ に対して，次の性質をみたす $q \in A$, $d \in A$ が必ず存在する：

$$y = q \times x + d, \ 0 \leqq H(d) < H(x)$$

以下この関数の値 $H(x)$ を，x の**高さ**と呼ぶ．

⟨例1⟩　$(\mathbb{Z}, +, \times)$ は，$H(x) = |x|$ を高さとする，ユークリッド整域である．

⟨例2⟩　任意の体 K について，K 係数の多項式環 $(K[X], +, \times)$ も，高さ H を次のように定めれば，ユークリッド整域になる：$f(X) \in K[X]$ に対して

$$H(f(X)) = (f \text{ の次数}) + 1$$

ユークリッド整域では次の概念が自然に定義できて，いろいろな性質が証明できる．

定義 10

(1) a, b の公約元 d の中で，高さ $H(d)$ が最大のものを**最大公約元**という．

特に a, b の最大公約元が単元であるとき，x と y は**互いに素**であるという．

(2) a, b の 0̇ でない公倍元 m の中で，高さ $H(m)$ が最小のものを，**最小公倍元**という．

〈例〉　$\mathbb{R}[X]$ において,

$$a = X^3 + 2X^2 - X - 2 = (X+1)(X-1)(X+2),$$
$$b = X^3 - 2X^2 - X + 2 = (X+1)(X-1)(X-2)$$

の最大公約元は $(X+1)(X-1)$, 最小公倍元は $(X+1)(X-1)(X+2)(X-2)$ である．なお定数倍しても高さ（次数 $+1$）は変わらないから，最大公約元も最小公倍元も無数にあるが，モニックな多項式に限れば，これらだけである．

(B)ユークリッドの互除法と不定方程式

　ユークリッド整域では，0でない要素 a, b の最大公約元を，第1章で紹介した「ユークリッドの互除法」で求めることができる：用語が少し変わるので，手順を再掲しておこう．

　0でない任意の要素 a, b の最大公約元は，次の手順で求めることができる．

(1)　a を b で割って，余り r を求める．
(2)　$r = 0$ ならば，b が最大公約元である．

実際，もし $r = 0$ ならば b はもちろん a, b の公約元である．一方，a, b の任意の公約元 c は b の約元なので $b = b' \times c$ と書くことができ，定義9(イ)によって

$$H(b) = H(b' \times c) \geqq H(c)$$

が成り立つので，b はすべての公約元の中で高さ最大，すなわち最大公約元になる．

(3)　$r \neq 0$ ならば，a を b, b を r におきかえて，(1)に戻る．

そうしてよい理由は次のように説明できる（第1章でも述べているので，

簡単にしておく：26 ページ参照）．b, r の公約元は，a, b の公約元でもあり，逆も成り立つ．だから a, b の最大公約元は，b, r の公約元（最大公約元を含む）の約元であり，その逆も成り立つので，それらは（単元倍の違いを除いて）一致する．

手順(3)を続ければ，余りの高さ $H(r)$ は非負整数で，必ず前より小さくなるので，いつかは $H(r) = 0$（すなわち $r = 0$）となって，手順(2)で終了する．だから次のことが言える．

定理 1 ユークリッド整域では，ユークリッドの互除法で最大公約元を求められる．

ここから次のことが導かれる．

定理 2 ユークリッド整域において，不定方程式

$$ax + by = c$$

は右辺の c が左辺の係数 a, b の最大公約元 D で割り切れるときに解をもち，その解はユークリッドの互除法で求めることができる．また右辺 c が左辺の最大公約元 D で割り切れなければ，解は存在しない．

系 a, b が互いに素であれば，不定方程式

$$ax + by = 1$$

は解をもつ．

注意 簡単な記法で書いているが，多項式環 $\mathbb{R}[X]$ に応用するときは，a, b, c, x, y はどれも多項式を表している．

これらの定理の証明は，第 1 章の 1.3.3 節で行った説明が，用語を変えるだけでそのまま使えるので省略して，計算例を示すだけにしておこう．

⟨例 1⟩　$\mathbb{R}[X]$ での互除法：

$$a = X^4 + X^2 + X + 1, \quad b = X^2 + 1$$

の最大公約元を求める．

① a を b で割って余りを求めると：

$$X^4 + X^2 + X + 1 = X^2 \cdot (X^2 + 1) + X + 1 \quad \cdots 余りは c = X + 1$$

② b を余り $c = X + 1$ で割ってさらなる余りを求めると：

$$X^2 + 1 = (X - 1) \cdot (X + 1) + 2 \quad \cdots 余りは d = 2$$

③ $c = X + 1$ を余り $d = 2$ で割ると，d は定数だから割り切れて

$$X + 1 = ((1/2)X + (1/2)) \cdot 2 + 0 \quad \cdots 余りは 0，割り切れた！$$

となるから，最大公約元は $d = 2$ ($\mathbb{R}[X]$ の単元)，したがって a と b は互いに素である．なお最大公約元の単元倍はすべて最大公約元である．また単元の逆元も単元だから，乗法の単位元 1 は任意の単元の単元倍である．だから最大公約元が単元であれば，「最大公約元は 1 である」といってもさしつかえない．

⟨例 2⟩　$\mathbb{R}[X]$ での不定方程式：多項式の変数 X との混同を避けるために，ここでは未知の多項式 $x, y \in \mathbb{R}[X]$ を $f(X), g(X)$ と書くことにして，

不定方程式

$$a \cdot f(X) + b \cdot g(X) = 1 \quad \cdots (1)$$

の解を求めてみよう．ただし係数（多項式）a, b はさっきと同じとする：

$$a = X^4 + X^2 + X + 1, \quad b = X^2 + 1$$

係数 a, b は〈例1〉でたしかめたように互いに素であるから，不定方程式(1)は解をもつはずで，実際以下の手順で，解を求めることができる．

(1)の変形：a を b で割ると商が X^2 で余りが $X+1$ であること，すなわち

$$a = X^2 \cdot b + c, \qquad c = X + 1$$

から

$$\begin{aligned} a \cdot f(X) + b \cdot g(X) &= (X^2 \cdot b + c) \cdot f(X) + b \cdot g(X) \\ &= c \cdot f(X) + b \cdot (X^2 \cdot f(X) + g(X)) \\ &= 1 \end{aligned}$$

そこで

$$h(X) = X^2 \cdot f(X) + g(X)$$

とおくと，これは

$$g(X) = h(X) - X^2 \cdot f(X) \quad \cdots ①$$

とも書けるが，方程式(1)は次の形に変わる：

$$c \cdot f(X) + b \cdot h(X) = 1 \quad \cdots (2)$$

(2)の変形： $b = X^2 + 1 = (X-1) \cdot c + d, \ d = 2$ から

$$c \cdot f(X) + ((X-1) \cdot c + d) \cdot h(X) \\ = c \cdot (f(X) + (X-1) \cdot h(X)) + d \cdot h(X) = 1$$

そこで

$$k(X) = f(X) + (X-1) \cdot h(X)$$

とおくと，これは

$$f(X) = k(X) - (X-1) \cdot h(X) \quad \cdots ②$$

とも書けるが，方程式(2)は次の形に変わる：

$$c \cdot k(X) + d \cdot h(X) = 1 \quad \cdots (3)$$

ここで $h(X)$ の係数 $d = 2$ が単元であることに注意してほしい．係数は体 $\mathbb{R}$ で考えているから $d = 2$ の逆数 $d^{-1} = 0.5$ が使えて，(3)は $h(X)$ について解くことができる：

$$h(X) = d^{-1} \cdot (1 - c \cdot k(X)) \\ = 0.5 \cdot (1 - (X+1) \cdot k(X))$$

が導かれる——$k(X)$ がどんな多項式であっても，このように $h(X)$ を定めれば，方程式(3)が成り立つ．

$f(X)$ を表す式は，途中で用いた式②によって次のように決めればよい：

第 3 章｜環の理論—整数と多項式はおんなじだ，という理論—

$$\begin{aligned}
f(X) &= k(X) - (X-1) \cdot h(X) \\
&= k(X) - 0.5(X-1)(1-(X+1)k(X)) \\
&= k(X) - 0.5(X-1) + 0.5(X^2-1)k(X) \\
&= (1 + 0.5(X^2-1))k(X) - 0.5(X-1) \\
&= 0.5(X^2+1)k(X) - 0.5(X-1)
\end{aligned}$$

すると

$$\begin{aligned}
& b = c \cdot (X-1) + d, \quad d = 2, \\
& f(X) = k(X) - (X-1) \cdot h(X) \quad \cdots ② \\
& c \cdot k(X) + d \cdot h(X) = 1 \quad \cdots (3)
\end{aligned}$$

によって，(2)が成り立つことがわかる：

$$\begin{aligned}
& c \cdot f(X) + b \cdot h(X) \\
&= c \cdot (k(X) - (X-1) \cdot h(X)) + (c \cdot (X-1) + d) \cdot h(X) \\
&= c \cdot k(X) - c \cdot (X-1) \cdot h(X) + c \cdot (X-1) \cdot h(X) + d \cdot h(X) \\
&= c \cdot k(X) + d \cdot h(X) \\
&= 1
\end{aligned}$$

あとは①が成り立つように

$$\begin{aligned}
g(X) &= h(X) - X^2 \cdot f(X) \\
&= 0.5(1 - (X+1) \cdot k(X)) \\
&\quad - X^2 \cdot (0.5(X^2+1)k(X) - 0.5(X-1)) \\
&= (-0.5 \cdot (X+1) - 0.5 \cdot X^2 \cdot (X^2+1))k(X) \\
&\quad + 0.5 + 0.5 \cdot X^2 \cdot (X-1) \\
&= -0.5(X^4 + X^2 + X + 1) \cdot k(X) + 0.5(X^3 - X^2 + 1)
\end{aligned}$$

と定めれば，(1)も成り立つので，解 $f(X)$, $g(X)$ を多項式 $k(X)$ によって表

すことができた．パラメータ $k(X)$ は任意であるから，たとえば $k(X) = 0$ とおくと，具体的な解

$$f(X) = -0.5(X - 1),$$
$$g(X) = 0.5(X^3 - X^2 + 1)$$

が得られる．

> **問** 計算力に自信のある人は，上の解を方程式の左辺
> $$(X^4 + X^2 + X + 1) \cdot f(X) + (X^2 + 1) \cdot g(X)$$
> に代入して，その値が 1 になることをたしかめなさい．

ここで，互除法の進行と不定方程式の変形が，完全に対応していることに注意しておこう．

表 2 互除法の進行と不定方程式の変形の対応

問題	最大公約数を求める	不定方程式を解く
出発点	a, b	$a \cdot f(x) + b \cdot g(x) = 1$
商と余り	$a = q \times b + c$	
問題の変形	b, c	$c \cdot f(x) + b \cdot h(x) = 1$ ただし $h(x) = q \cdot f(x) + g(x)$, $g(x) = h(x) - q \cdot f(x)$ ……①
商と余り	$b = q' \times c + d$	
問題の変形	c, d	$c \cdot k(x) + d \cdot h(x) = 1$ ただし $k(x) = f(x) + q' \cdot h(x)$, $f(x) = k(x) - q' \cdot h(x)$ ……②
商と余り	$c = q'' \times d + \mathbf{0}$ (割り切れた)	
結論	最大公約数は $d = 2$	$d = 2$ は単元（0でない定数）だから $h(x)$ は $k(x)$ で表せる： $h(x) = d^{-1} \cdot (1 - c \cdot k(x))$

第 3 章 環の理論—整数と多項式はおんなじだ，という理論—

補足 一般の不定方程式 $ax + by = c$ で，c が a, b の最大公約元で割り切れる場合は，同じ要領で方程式を変形してゆくと，最後（余りが 0 になる直前）に

$$D \cdot s + (D \cdot D')t = c$$

という形の方程式が得られる——ここで D は a, b の最大公約元である．c は D で割り切れる，すなわち

$$c = c' \cdot D$$

と書けるので，ここから

$$s = c' - D' \cdot t$$

が導かれ，任意の t に対して s をこのように決めれば，方程式が成り立つ——「解 s が，任意の多項式 t によって表せる」ということである．途中で導入した未知数（未知の多項式）も，さっきと同じように逆順に，パラメータ t を含む多項式で表せる．

例題 整数についての不定方程式 $10x + 24y = 8$ を解きなさい．

〈解答〉 方程式を次のように変形する：

1) $24 = 2 \times 10 + 4$ から：

$$10w + 4y = 8, \quad w = x + 2y$$

2) $10 = 2 \times 4 + 2$ から：

$$2w + 4v = 8, \quad v = 2w + y$$

3) 第 1 式の左辺は 2 で割り切れるので，右辺も 2 で割り切れるはずである（さもなければ，解は存在しない）．この場合は第 1 式の右辺は 8 なので，両辺とも 2 で割り切れる：

$$w + 2v = 4, \quad \text{いいかえれば} \quad w = 4 - 2v$$

2') $v = 2w + y$ から，

$$y = v - 2w = v - 2(4 - 2v) = 5v - 8$$

1') $w = x + 2y$ から,

$$x = w - 2y = (4 - 2v) - 2(5v - 8)$$
$$= -12v + 20$$

〈検算〉 $10(-12v+20)+24(5v-8) = -120v+200+120v-192 = 8$

注意 これと同じ手順が，$\mathbb{R}[X]$ 上の不定方程式にも適用できる．なおユークリッドの互除法は，3つ以上の要素の最大公約数を求めるのにも使えるので，その手順は3つ以上の未知数（未知の多項式）を含む不定方程式にも応用できるが，後で使わないのでここまでにしておく．

(C) 素元分解の一意可能性

次に第1章で証明しなかった整数の性質を，ユークリッド整域の枠組みで一般的に証明しよう．最終目標は「素元分解の一意可能性」であるが，その直前まで「見通しのきかないジャングルを進む」ような道筋を追っていただくことになるので，「数学的山登りの訓練」だと思って，少しのあいだご辛抱いただきたい．

事実8 素元 p と任意の要素 x は，x が p の倍元でなければ，互いに素である．

〈例〉 $\mathbb{R}[X]$ において，1次式 $(X-\alpha)$, $(X-\beta)$ は既約多項式（したがって素元）であるから，$\alpha \neq \beta$ ならば，互いに素である．

〈証明〉「x と p が互いに素でなければ，x は p の倍元である」ことを証明すればよい．p, x の最大公約元を s とし，$p = p' \times s$, $x = x' \times s$ とする．「x と p は互いに素で$\overset{\bullet}{な}\overset{\bullet}{い}$」と仮定すると s は単元ではないので，p は素元だから p' は単元で逆元 p'' があり（事実3），$s = p'' \times p$ は p の倍元，

したがって $x = x' \times s = x' \times p'' \times p$ も p の倍元である. 〈証明終わり〉

事実 9 公倍元は,最小公倍元の倍元である.

〈証明〉 L が a, b の最小公倍元で,W が a, b の公倍元なら,

$$W = q \times L + d, \quad 0 \leqq H(d) < H(L)$$

とすると,W も L も a, b で割り切れるから

$$d = W - q \times L$$

も a, b で割り切れる.したがって,d は x, y の公倍元である.もし $d \neq 0$ であるとすると,$0 < H(d) < H(m)$ から,L が a, b の最小公倍元であることと矛盾する.したがって d は 0 でなければならず,W は L の倍元である. 〈証明終わり〉

あっさり書いているが,ここでも a, b, L, W, d がすべて「多項式でもよい」(ただし係数の集合は体) ことに注意してほしい.

事実 10 公約元 c は,最大公約元 D の約元である.

〈証明〉 a, b の公約元を c とすると,任意の $x, y \in A$ に対して $a \times x$,$b \times y$ は c の倍元であり,それらの和 $(a \times x) + (b \times y)$ も c の倍元である.一方,不定方程式

$$(a \times x) + (b \times y) = D$$

は必ず解をもつ (定理 2) ので,D は c の倍元である. 〈証明終わり〉

応用 最大公約元は，互いに単元倍の違いしかない．

⟨証明⟩ a, b の 2 つの最大公約元を D, D' とすると，D は a, b の公約元なので，事実 10 から最大公約元 D' の約元で，$D' = D \times s$ と書ける．同様に，D' も a, b の公約元，したがって D の約元なので $D = D' \times t$ とも書けるので，けっきょく

$$D' = D \times s = (D' \times t) \times s = D' \times (s \times t)$$

となり，$s \times t = 1$，すなわち s も t も単元である． ⟨証明終わり⟩

このように単元倍の違いしかないので，$\mathbb{Z}$ においては正の整数，$\mathbb{R}[X]$ においてはモニックな多項式に話を限れば，最大公約元はただ 1 つ決まる．

事実 11 0 でない任意の要素 a, b について，D が a, b の最大公約元，L が a, b の最小公倍元ならば，ある単元 e について，次の等式が成り立つ：

$$a \times b = e \times D \times L$$

⟨証明⟩ $a, b, a \times b$ はどれも $D \ (\neq 0)$ の倍元だから

$$a = a' \times D, \quad b = b' \times D, \quad a \times b = k \times D$$

とおくと

$$a \times b = (a' \times D) \times b = (a' \times b) \times D,$$
$$a \times b = a \times (b' \times D) = (a \times b') \times D$$

とも書けるので，$a \times b = k \times D$ とあわせて簡約法則によって

$$k = a' \times b = a \times b'$$

が導かれる．これを見ると k は a, b の公倍元で，

$$k = k' \times L$$

と書ける（事実 9）から，

$$a \times b = k' \times L \times D$$

あとはこの k' が単元であることを示せばよい．
 $L = a \times a'' = b \times b''$ とおくと，

$$a \times b = k' \times L \times D = k' \times a \times a'' \times D,$$
$$a \times b = k' \times L \times D = k' \times b \times b'' \times D$$

なので，$a, b \neq 0$ から簡約法則によって

$$b = k' \times a'' \times D,$$
$$a = k' \times b'' \times D$$

となり，$k' \times D$ は a, b の公約元で，最大公約元 D の約元である（事実 10）：

$$D = k'' \times k' \times D$$

したがって $k'' \times k' = 1$，すなわち k' は単元である． 〈証明終わり〉

事実 12 0 でない要素 a, b が互いに素で, $b \times c$ が a で割り切れるなら, c は a で割り切れる.

〈証明〉 「a, b が互いに素」とは,「a, b の最大公約元が 1」ということであるから, それらの最小公倍元を L とすると, 事実 11 から, ある単元 e について

$$a \times b = e \times L \times 1 = e \times L$$

である. e は単元だから 1 の約数で, $e \times e' = 1$ をみたす e' があるから,

$$L = e' \times a \times b$$

とも書ける. 一方, 仮定により, $b \times c$ は a の倍元だから, a, b の公倍元, したがって最小公倍元 L の倍元で,

$$b \times c = k \times L = k \times e' \times a \times b$$

であるが, $b \neq 0$ だから簡約法則が使えて,

$$c = k \times e' \times a$$

すなわち, c は a で割り切れる. 〈証明終わり〉

事実 12 からは, いっぺんに展望が開ける.

定理 3（素元分解の一意可能性） ユークリッド整域では, 0 でも単元でもない元はすべて素元の積で表せる (ただし素元は "1 個の素元の積" とみなす). またその表しかたは, 順序と単元倍の差を除いて,

ただ1通りである.「1通り」とは正確に言えば,次のようなことである.

x が素元 p_i, q_j によって

$$x = p_1 \times p_2 \times \cdots \times p_m$$
$$= q_1 \times q_2 \times \cdots \times q_n$$

のように表されたとすると,

(ア)　$m = n$
(イ)　適当に順序を入れ替えれば
　　　　$q_j = $ 単元 $\times p_j$

注意　単元倍の違いが出ないようにするには,$\mathbb{Z}$ では正整数,$K[X]$ ではモニックな多項式に話を限ればよい――モニックな多項式をモニックな既約多項式の積に分解するしかたは,積の順序を除いて,ただ1通りである.

〈**証明**〉 (1) 単元を除く任意の $x \neq 0$ を素元の積で表せること:$H(x)$ についての数学的帰納法で証明する.

(A)　$H(x) = 0$ の場合は,$x = 0$ なので無視してよい.
(B)　$H(x) = 1$ の場合:乗法の単位元 1 を x で割ると

$$1 = q \cdot x + d, \quad 0 \leqq H(d) < H(x) = 1$$

なので,$H(d) = 0$,したがって $d = 0$ で,1 は x で割り切れる.したがって x は単元であるから,この場合も無視してよい.

(C)　$H(x) > 1$ の場合:$H(x) > H(y)$ であるような,0 でも単元で

もない要素 y はすべて素元の積に分解できる，と仮定する（数学的帰納法の仮定）．x が素元なら問題ない．x は素元でなければ，2 つ以上の単元でない元の積として，$x = y \times z$ のように表せる．そして

$$H(x) > H(y), H(z)$$

が成り立つ（定義 9，(イ)）から，帰納法の仮定によって，y, z はどちらも素元の積に分解でき，それらの積によって，もとの x が素元の積として表される．

(2) 素元分解が一意的であること：同じ元 x が，素元 p_i，q_j によって

$$p_1 \times p_2 \times \cdots \times p_m = q_1 \times q_2 \times \cdots \times q_n$$

のように 2 通りに表されたとする．左辺は素元 p_m で割り切れるのだから，右辺も p_m で割り切れるはずである．もし q_1 が p_m の倍元でなければ，q_1 と p_m は互いに素（事実 8）なので，q_1 を除いた積 $q_2 \times \cdots \times q_n$ が p_m で割り切れる．以下同様に，q_j が p_m の倍元でなければ，それより後の積 $q_{j+1} \times \cdots \times q_n$ が p_m で割り切れるので，q_j のどれかが p_m で割り切れる（$q_j = c \times p_m$ となる）が，q_j は素元だから，c は単元でなければならない．そこで q_j と q_n を入れ替え，p_m と（新）q_n を簡約すると，積が短くなる（単元 c が残るが，先頭につけておく）．あとは同様に，1 つずつ p_j を簡約してゆけば，最終的には左辺が 1 になるから，右辺も 1 になるはずである（q 側が足りなくても，余っても等号は成り立たないし，また右辺に残る単元の積も，1 に等しいはずである）． 〈証明終わり〉

こうして第 1 章で結果だけ述べていた事実 4～7 と定理 2 が，多項式環も含めた事実 9～12 および定理 3 として，まとめて同時に証明された．これが代数系の理論の効用である．

3.4 イデアルと商環

ここからが本書で扱う環論の，数学的にいちばんおもしろいところである．

整域 $(A, +, \times)$ において，集合 A の中での同値関係

$$x \sim y$$

を考える．これが演算 $+$, $(-)$, $\times$ と両立するための条件，すなわち以下の条件が，どんな場合に成り立つかを考えてみよう．

(1) $a \sim b$, $c \sim d$ ならば $a + c \sim b + d$
(2) $a \sim b$ ならば $-a \sim -b$
(3) $a \sim b$, $c \sim d$ ならば $a \times c \sim b \times d$

このような同値関係 $\sim$ に対して

$$B = \{x \mid x \sim 0\}$$

とおくと，B は次の性質をもっている．

(1B) $x, y \in B$ ならば $x + y \in B$
   〈証明〉 $x \sim 0$, $y \sim 0$ ならば $x + y \sim 0 + 0 = 0$
(2B) $x \in B$ ならば $-x \in B$
   〈証明〉 $x \sim 0$ ならば $-x \sim -0 = 0$ から明らか．
   以上から，$(B, +)$ は $(A, +)$ の部分群であることがわかる（可換だから，正規部分群でもある）．
(3B) $x \in B$ ならば，任意の $y \in A$ に対して $x \times y \in B$
   注意 $y \in B$ で$\overset{.}{な}\overset{.}{く}\overset{.}{て}\overset{.}{も}\overset{.}{よ}\overset{.}{い}$から，これは強い条件である．これがあるため，もし $1 \in B$ だと $B = A$ になってしまう．

⟨証明⟩ $x \sim 0$ ならば，任意の $y \in A$ に対して $y \sim y$（反射性）であるから，

$$x \times y \sim 0 \times y = 0$$

すなわち $x \times y \in B$ である．

定義 11 性質 (1B)〜(3B) をみたす A の部分集合 B を，環 $(A, +, \times)$ の**イデアル**という．B がイデアルなら，$(B, +)$ は可換群 $(A, +)$ の正規部分群である．

⟨例 1⟩ $\mathbb{Z}$ における

$$(m) = (m \text{ のすべての倍数の集合}) = \{k \times m \mid k \in \mathbb{Z}\}$$

このように，特定の元の倍元全体から成るイデアルを，**単項イデアル**という．

⟨例 2⟩ $\mathbb{R}[X]$ における

$$(f(X)) = \{g(X) \cdot f(X) \mid g(X) \in \mathbb{R}[X]\}$$

これも単項イデアルである．

⟨例 3⟩ 任意の環 A の任意の要素 c について，

$$(c) = c \text{ のすべての倍元の集合}$$

は単項イデアルである．

>   **注意** 証明は省くがユークリッド整域では，すべてのイデアルが単項イデアルである．

事実 13 環 $(A, +, \times)$ の任意のイデアル B から，2 項関係 "$\sim_B$" を

$$x \sim_B y \text{ とは，} x + (-y) \in B \text{ が成り立つことである}$$

と定義すると，次のことが成り立つ．

(1) この関係 $\sim_B$ は同値関係で，x を含む同値類は $B + x$ で表される．
(2) この同値関係は演算 $+$，$(-)$，$\times$ と両立する．

〈証明〉 関係 $\sim_B$ は，集合 A の中の関係として，可換群 $(A, +)$ において正規部分群 $(B, +)$ から定まる同値関係 $\sim_B$ と同じなので，(1) $\sim_B$ が同値関係で，x を含む同値類は $B + x$ で表されること，(2) $\sim_B$ は $+$，$-$ と両立すること，までは証明済みである（第 2 章，79, 81 ページ参照）．あとは「$\sim_B$ が演算 $\times$ と両立すること」，すなわち $a \sim_B b$, $c \sim_B d$ と仮定して，$a \times c \sim_B b \times d$ であることを導けばよい．

$a + (-b), c + (-d) \in B$ であるから，ある $s, t \in B$ によって

$$a + (-b) = s, \quad c + (-d) = t$$

と表される．これらを

$$a = b + s, \quad c = d + t$$

と書きかえると，

$$a \times c = (b + s) \times (d + t) = b \times d + b \times t + s \times d + s \times t,$$
$$(a \times c) + (-(b \times d)) = b \times t + s \times d + s \times t$$

右辺は $b, d \in A$, $s, t \in B$ であるから，(3B) によって

$$b \times t, \quad s \times d \, (= d \times s), \quad s \times t$$

はすべて B に属しているので，(1B) から右辺全体が B に属している．したがって，

$$a \times c \sim_B b \times d \qquad\qquad \langle 証明終わり \rangle$$

ここから次の定理が導かれる．

> **定理 4** B が環 $(A, +, \times)$ のイデアルであれば，代数系 $(A/B, +, \times)$ は環になる．ただし A/B は，同値関係 $\sim_B$ で A を類別した同値類系を表す（正規部分群による商群の場合と同じ）．これを「A の，イデアル B による**商環**」という．

注意 同値類に分けることを，"**類別**する"という．

〈例 1〉　$\mathbb{Z}/(m)$ は環である (41 ページ，〈例〉参照)．

〈例 2〉　$\mathbb{R}[X]/(f(X))$ も環である（新しい結果！）．

〈定理 4 の証明〉　事実 13（と第 1 章で述べた同値類系の一般論）から，A の演算 $+, -, \times$ は同値類系 A/B にも導入できる．実際，A/B の中の x を含む同値類は $B + x$ と表されるので，同値類どうしの和・積を $+$, $\times$ は，次のように定義できる：

$$(B + x) + (B + y) = x + y \text{ を含む同値類} = B + x + y,$$
$$(B + x) \times (B + y) = x \times y \text{ を含む同値類} = B + x \times y$$

注意 同値類の和に各同値類の "代表" x, y を利用しているが，結果は（両立性のおかげで）x, y の選びかたによらず，同値類を決めれば決まるのであった．

明らかに $B = B + 0$ は A/B における ✚ についての単位元，$B + 1$ は ✖ についての単位元になる．また ✚，✖ についての結合法則や分配法則が，すべて成り立つ．証明はどれも面倒ではあるが機械的なので，分配法則だけ示しておこう．$x, y, z \in A$ とする．

$$(B + x) \times ((B + y) + (B + z))$$
$$= (B + x) \times (B + x + y)$$
$$= B + x \times (y + z)$$
$$= B + x \times y + x \times z \qquad \cdots A \text{ の中での分配法則}$$
$$= (B + x \times y) + (B + x \times z)$$
$$= ((B + x) \times (B + y)) + ((B + x) \times (B + y)) \qquad \langle \text{証明終わり} \rangle$$

次の定理はきわめて強力で，応用が広い（私のお気に入りである）．

定理 5 A がユークリッド整域で p が A の素元ならば，p のすべての倍元から成るイデアル (p) から定まる商環 $A/(p)$ は，体になる．

〈例 1〉 $A = \mathbb{Z}$（整数の環）において，素数 p は素元であるから，商環 $\mathbb{Z}/(p)$ は体である（第 1 章，定理 9）．

〈例 2〉 ある体 K の要素を係数とする多項式環 $A = K[X]$ において，既約多項式 $f(X)$ は素元であるから（101 ページ，定義 5〈例〉参照），商環 $A[X]/(f(X))$ は実は体である（新̇し̇い̇結̇果̇!!）．

〈例 3〉 〈例 2〉のさらに具体的な場合として，$\mathbb{R}[X]$ での既約多項式

$$f(X) = X^2 + 1$$

を考えると，$\mathbb{R}[X]/(X^2 + 1)$ は体である．

〈定理 5 の証明〉 $A/(p)$ が環であることはわかっているから，あとは加

法の単位元を除いて，いつでも乗法の逆元が存在することを示せばよい．

$A/(p)$ の加法の単位元（0 を含む同値類，0 と区別するために太字 **0** で表す）は

$$\mathbf{0} = (p) + 0 = (p)$$

であるから，イデアル (p) そのものである．また c を含む同値類が **0** でないとは，

$$c \notin (p)$$

いいかえれば「c が p で割り切れない」ことである．p は素元だから，それは「c と p は互いに素である」ことを意味している（事実 8）．すると，A はユークリッド整域であるから，v, w を未知数とする不定方程式

$$c \cdot v + p \cdot w = 1$$

は解をもつ（定理 2：109 ページ参照）．これは

$$c \cdot v - 1 = p \cdot (-w) \in (p)$$

すなわち

$$c \cdot v \sim_{(p)} 1$$

を意味している．したがって商環 $A/(p)$ では，v を含む同値類は，c を含む同値類の乗法の逆元である． 〈証明終わり〉

3.5 環の拡大と準同型

ある大きな環 K（たとえば $\mathbb{C}$）の中で，環 $A \subseteq K$ に，新しい要素 $\gamma \in K$ をつけ加えて，A より大きな環を作ることは，「代数方程式の解法」にも深く関連していて，昔から研究されてきた．その環を記号 $A[\gamma]$ で表すが，これは直観的には

① A の要素と γ から加減乗算で導けるすべての要素の集合，あるいは
② A と γ を含む，最小の環

と考えることもできるが，形式的には多項式環 $A[X]$ を利用して，次のように定義するとはっきりする．

定義 12

$$A[\gamma] = \{f(\gamma) \mid f(X) \in A[X]\}$$
$$= \{a_n\gamma^n + a_{n-1}\gamma^{n-1} + \cdots + a_2\gamma^2 + a_1\gamma + a_0$$
$$\mid n \geqq 0,\ a_j \in A\}$$

〈例〉 整数環 $\mathbb{Z}$ に，平方根 $\sqrt{2}$ をつけ加えてできる環 $\mathbb{Z}[\sqrt{2}]$
これは具体的には，次のように表される：

$$\mathbb{Z}[\sqrt{2}] = \{f(\sqrt{2}) \mid f(X) \in \mathbb{Z}[X]\}$$
$$= \{a_n(\sqrt{2})^n + a_{n-1}(\sqrt{2})^{n-1} + \cdots + a_2(\sqrt{2})^2 + a_1\sqrt{2} + a_0$$
$$\mid n \geqq 0,\ a_j \in \mathbb{Z}\}$$

しかし $(\sqrt{2})^2 = 2 \in \mathbb{Z}$ であるから，たとえば

$$3(\sqrt{2})^4 - 2(\sqrt{2})^3 + 7(\sqrt{2})^2 + \sqrt{2} - 1$$

$$= 3 \cdot 2^2 - 2 \cdot 2 \cdot \sqrt{2} + 7 \cdot 2 + \sqrt{2} - 1$$
$$= (-4 + 1) \cdot \sqrt{2} + (12 + 14 - 1)$$
$$= -3\sqrt{2} + 25$$

のように，$\sqrt{2}$ のどんな多項式も，$\sqrt{2}$ の1次式で表すことができる：

$$\mathbb{Z}[\sqrt{2}] = \{a\sqrt{2} + b \mid a, b \in \mathbb{Z}\}$$

注意 このことは係数が整数 $\mathbb{Z}$ でなくても，有理数 $\mathbb{Q}$ や実数 $\mathbb{R}$ であっても成り立つ：

$$\mathbb{Q}[\sqrt{2}] = \{a\sqrt{2} + b \mid a, b \in \mathbb{Q}\},$$
$$\mathbb{R}[\sqrt{2}] = \{a\sqrt{2} + b \mid a, b \in \mathbb{R}\}$$

ここで環の（準）同型の概念を導入しておこう．

定義 13 2つの環 $(V, +, \times)$, $(W, +, \times)$ を結ぶ関数 $\Phi : V \to W$ は，次の性質をみたすとき，**環準同型写像**と呼ばれる．

(1) $\Phi(x + y) = \Phi(x) + \Phi(y)$
(2) $\Phi(x \times y) = \Phi(x) \times \Phi(y)$
(3) $\Phi(1_V) = 1_W$

ただし $+$, $\times$ は，左辺では V の演算，右辺では W の演算で，左辺の 1_V は V の，右辺の 1_W は W の乗法の単位元である．特に Φ が「1対1で対応もれのない」関数である場合，Φ を**同型写像**といい，「環 V, W は同型である」といって，記号 $V \cong W$ で表す．

〈例1〉 環 $\mathbb{Z}[\sqrt{2}]$ から環 $\mathbb{R}[\sqrt{2}]$ への写像 Φ を

$\Phi(x) = x$ （恒等写像）

と定めると，これは環 $\mathbb{Z}[\sqrt{2}]$ から環 $\mathbb{R}[\sqrt{2}]$ への準同型写像になっている．これは1対1ではあるが，対応もれが（山ほど）あるので，同型写像ではない．

〈例2〉 A を体，$f(X) \in A[X]$ をある多項式として，多項式 $g(X) \in A[X]$ に商環 $A[X]/(f(X))$ の同値類

$$(f(X)) + g(X)$$

を対応させる関数 Φ は，$A[X]$ から $A[X]/(f(X))$ への準同型写像である．これは「対応もれのない写像」ではあるが，1対1ではないので，同型写像ではない．

〈例3〉 $k \in \{0, 1, 2, \cdots, m-1\}$ に対し，$\mathbb{Z}/(m)$ の中の「k を含む同値類」$(m)+k$ を対応させる関数 Ψ は，$\mathbb{Z}_m$ から $\mathbb{Z}/(m)$ への同型写像である．

$\mathbb{Z}_m$ と $\mathbb{Z}/(m)$ は同型： $\mathbb{Z}_m \cong \mathbb{Z}/(m)$

これが，以前「ぴったり平行する演算」（44ページ）と述べていたことの，正確な表現で，「x と $\Phi(x)$ を同一視すれば，実質的に同じ」とか「2つの環は，要素の名前が違うだけ」という言いかたをする人もいる．

（準）同型写像については，次の事実が基本的である．

事実14 $\Phi: A \to B$ が環 A，B の間の準同型写像ならば，次のことが言える．

(1) $\Phi(0_A) = 0_B$

ただし左辺の 0_A は A の，右辺の 0_B は B の加法の単位元である．

特に Φ が同型写像であれば,さらに次のことが言える.

(2) A が整域ならば,B も整域であり,逆も成り立つ.
(3) A が体ならば,B も体であり,逆も成り立つ.

〈証明〉　(1) $\Phi(x) + \Phi(0_A) = \Phi(x + 0_A) = \Phi(x) = \Phi(x) + 0_B$ の両辺に $-\Phi(x)$ を加えると $\Phi(x)$ が消えて,$\Phi(0_A) = 0_B$ となる.

(2) ある $v, w \in B$ について $v \times w = 0_B$ とすると,同型写像 Φ は「対応もれのない写像」であるから $\Phi(x) = v$, $\Phi(y) = w$ をみたす $x, y \in A$ がある.そして

$$\Phi(x \times y) = \Phi(x) \times \Phi(y) = v \times w = 0_B$$

であるが,$\Phi(0_A) = 0_B$ で Φ は1対1の写像なので,

$$x \times y = 0_A$$

でなければならない.しかし A は整域だから $x = 0_A$ または $y = 0_A$ であり,したがって

$$v = \Phi(x) = \Phi(0_A) = 0_B \quad \text{または} \quad w = \Phi(y) = \Phi(0_A) = 0_B,$$

すなわち B も整域である.

なお Φ が同型写像なら,その逆写像 $\Phi^{-1} : B \to A$ は「B から A への同型写像」なので,逆も成り立つことは明らかである(これは(3)についても同様).

(3) 任意の $v (\neq 0_B) \in B$ に乗法の逆元 v^{-1} があることを示せばよいが,$\Phi(x) = v$ とすれば $x \neq 0_A$ なので,

$$v \times \Phi(x^{-1}) = \Phi(x) \times \Phi(x^{-1})$$

$$\begin{aligned}&= \varPhi(x \times x^{-1}) \\ &= \varPhi(1_A) = 1_B\end{aligned}$$

したがって $\varPhi(x^{-1})$ が v の逆元になり，たしかに逆元が存在する．

〈証明終わり〉

第4章
体の理論
―代数方程式論と符号理論の土台―

　この章の目標は，代数系"体"に関する基本的な事柄の紹介である．最初に体について基礎的な事柄を（復習を含めて）説明し，そのあと次の2つのテーマについて解説する．

(1) 環あるいは体から，新しい体あるいはより大きな体を構成するのに，どんな方法があるか．

(2) 有限個の要素から成る体（有限体）について，その特徴と，すべての有限体を生み出せる「有限体の作りかた」．

どちらも日常生活からはかけ離れた「雲の上」の話であるが，(1)は現代の代数方程式論で「常識」として駆使されるし，(2)でもすぐ使われる．また副産物として

　　「複素数体の合理的な導入」

が導かれる．(2)は情報科学（特に符号理論）で基本的な道具として必要とされる知識である．ここでは具体例を中心に，基礎的な部分だけはしっかり理解できるように話を進めてみたい．なお付録として，代数方程式論の入り口の解説をつけておいた．

4.1 体の基礎

4.1.1 体とは何か
第3章ですでに述べたように，**体**とは平たく言えば

> 加減乗除が，0による除算を除き，自由にできる代数系

のことである．ただし代数系の理論では，記述を簡単にするために，

> 2種類の演算 $+$, $\times$ が定義されていて，
> 以下の公理をみたす代数系 $(K; \times, +)$ のことである

とするのであった（第3章・定義8，104ページ：少し表現を変えて再掲）．

(1) $(K, +, \times)$ は環である．

加法 $+$ については，いつでも逆演算 $x - y = x + (-y)$ が定義できる．

(2) 0でない任意の元 x に対して，x の**乗法についての逆元** x^{-1}，すなわち

$$x \times x^{-1} = x^{-1} \times x = 1$$

をみたす x^{-1} が，各 $x \neq 0$ に対してただ1つ存在する．

乗法 $\times$ についても，$y \neq 0$ に対しては逆演算 $x \div y = x \times y^{-1}$ が定義できる．

体については，すでに次のような例を学んだ．

〈例1〉 有理数体 $(\mathbb{Q}, +, \times)$
〈例2〉 実数体 $(\mathbb{R}, +, \times)$

〈例3〉 複素数体 $(\mathbb{C}, +, \times)$

〈例4〉 整数の集合 $\mathbb{Z}$ を「素数 p を法とする合同関係」で類別した同値類系 $(\mathbb{Z}/(p), +, \times)$

これは第1章での素朴な呼びかたで，第3章において「$\mathbb{Z}$ を素数 p の倍数からなるイデアル (p) で類別した商環」（実は体）と呼んでいるものとまったく同じである．

〈例5〉 素数 p に対する，剰余計算にもとづく体 $(\mathbb{Z}_p, \oplus, \otimes)$

〈例6〉 既約多項式による商環，たとえば $(\mathbb{R}[X]/(X^2+1), +, \times)$

> **補足** 体^{たい}とは，ドイツ語のケルパー（Körper，体^{からだ}）の訳語で，フランス語でも同じ意味の言葉コール（corps）が使われている（英語のコープス corpse だと死体という意味であるが，綴りが違う）．英語では代数系の体のことをフィールド（field，場）というが，代数系を表す言葉としてはこちらのほうがわかりやすいように思う．体を表す一般的な文字として K や F が好まれるのは，これらのドイツ語・英語からきている．

4.1.2 体の基本性質

体 $(K, +, \times)$ はすべて整域（0以外の零因子のない環）である．また $(K, +)$ は可換群で，K から0を除いた残りの集合を K^* とすると，$(K^*, \times)$ も可換群である．したがって可換群や整域について証明したことは，すべて体にも（部分的に）あてはまる．

体 K の要素を係数とする多項式環 $K[X]$ は，すでに述べたようにユークリッド整域である．そして次の事実が成り立つ．

定理1 n 次多項式 $f(X) \in K[X]$ を "$= 0$" とおいた方程式（n 次方程式）

$$f(X) = 0$$

は，K の中に高々 n 個の解しかもたない．

〈証明〉 最初に K の任意の要素 α, β について，$\alpha \neq \beta$ ならば，$(X-\alpha)$ と $(X-\beta)$ は互いに素であることを注意しておこう．実際，1 次式 $(X-\alpha)$，$(X-\beta)$ は既約，したがって素元である．また $\alpha \neq \beta$ のときは，お互いに倍元にはなりえないので，互いに素である（第 3 章，事実 8〈例〉，116 ページ参照）．

さて，もし $f(\alpha) = 0$ であれば，$f(X)$ を $(X-\alpha)$ で割って

$$f(X) = q(X) \cdot (X - \alpha) + d(X)$$

とおくと，$(X - \alpha)$ は 1 次式だから $d(X)$ は 0 次以下，すなわち定数なので，c と書き換えて，X に α を代入すると

$$0 = 0 + c,$$

すなわち $c = 0$ が導かれる．したがって，$f(X)$ は $(X - \alpha)$ で割り切れる．

もし $f(X) = 0$ が n 個の異なる解 $\alpha_1, \alpha_2, \cdots, \alpha_n$ をもつとすれば，まず $f(X)$ は $(X - \alpha_1)$ で割り切れるのだから

$$f(X) = q_1(X) \cdot (X - \alpha_1) \qquad \cdots q_1(X) \text{ は } n-1 \text{ 次多項式}$$

と書ける．しかし $f(X)$ は $(X - \alpha_2)$ でも割り切れるが，$(X - \alpha_1)$, $(X - \alpha_2)$ は互いに素であるから，$q(X)$ が $(X - \alpha_2)$ で割り切れる（第 3 章，事実 12, 120 ページ）．したがって

$$f(X) = q_2(X) \cdot (X - \alpha_2)(X - \alpha_1) \qquad \cdots q_2(X) \text{ は } n-2 \text{ 次多項式}$$

と書ける．以下同様に，n 個の異なる解があるとすれば

$$f(X) = c \cdot (X - \alpha_n)(X - \alpha_{n-1}) \cdots (X - \alpha_1) \qquad \cdots c \text{ は定数}$$

と表せる．β が α_j のどれとも異なるとすれば，右辺が $(X - \beta)$ で割り切れることはあり得ない（素元分解の一意性）から，これ以上多くの解はない．　　　　　　　　　　　　　　　　　　　　　　　　　〈証明終わり〉

〈例〉 $f(X) = X^8 - 5X^4 + 4$ は，次のように因数分解できる：

$$\begin{aligned} f(X) &= (X^4 - 1)(X^4 - 4) \\ &= (X+1)(X-1)(X^2+1)(X^2-2)(X^2+2) \\ &= (X+1)(X-1)(X+\sqrt{2})(X-\sqrt{2})(X^2+1)(X^2+2) \\ &= (X+1)(X-1)(X+\sqrt{2})(X-\sqrt{2}) \\ &\quad \times (X+i)(X-i)(X+\sqrt{2}i)(X-\sqrt{2}i) \end{aligned}$$

したがって，方程式 $f(X) = 0$ の解の個数は，考える体によって次のように変わる：

(1) $\mathbb{Q}$ の中で：1, -1 の 2 個．
(2) $\mathbb{R}$ の中で：$\sqrt{2}$, $-\sqrt{2}$ がふえて，全部で 4 個．
(3) $\mathbb{C}$ の中で：さらに 4 個ふえて，全部で 8 個．

しかし 8 次方程式であるから，どんな体でも異なる解が 8 個を超えることはない．

4.1.3 体の同型・準同型

体は環でもあるから，環の間の（準）同型の概念が体にも適用できる．そして，次の事実が成り立つ．

事実 1 体 L から体 K への関数 $\Phi : L \to K$ が環準同型写像，すなわち
(1) $\Phi(x + y) = \Phi(x) + \Phi(y)$
(2) $\Phi(x \times y) = \Phi(x) \times \Phi(y)$
(3) $\Phi(1_L) = 1_K$

をみたす写像であれば，Φ は次の条件もみたす．

(4)　$x \neq 0_L$ ならば $\Phi(x) \neq 0_K$ で，$\Phi(x^{-1}) = \Phi(x)^{-1}$

注意　$+$, $\times$, $(^{-1})$ は，左辺では L の中の演算，右辺では K の中での演算を表す．また L, K の加法の単位元を 0_L, 0_K，乗法の単位元を 1_L, 1_K で表している．なお第 3 章で証明したように，次の性質は L, K が体でなくても，いつでも成り立つ：

$$\Phi(0_L) = 0_K$$

〈事実 1 の証明〉

(4)　$x \neq 0$ ならば $x^{-1} \in K$ が存在して $\Phi(x) \times \Phi(x^{-1}) = \Phi(x \times x^{-1}) = \Phi(1_L) = 1_K$．したがって $\Phi(x^{-1}) = \Phi(x)^{-1}$ である．　　〈証明終わり〉

定義 1　事実 1 の条件(1)〜(4)をみたす体の間の写像 Φ を，**体準同型写像**と呼ぶ．また Φ が 1 対 1 で対応もれのない写像であるときは，**体同型写像**と呼ぶ．

だから事実 1 は，次のように述べてもよい：

体の間の環（準）同型写像は，体（準）同型写像でもある．

体 L と K が環として同型なら体としても同型で，記号 $L \cong K$ で表す．

〈例 1〉　有理数の集合 $\mathbb{Q}$ から実数の集合 $\mathbb{R}$ への関数 $I(x) = x$ は明らかに上の条件(1)〜(4)をすべてみたすので，体 $(\mathbb{Q}, +, \times)$ から体 $(\mathbb{R}, +, \times)$ への準同型写像である．なおこの写像 Φ は 1 対 1 ではあるが，対応もれが（山ほど）あるので，同型写像ではない．

〈例 2〉　$k \in \{0, 1, 2, \cdots, m-1\}$ に対し，$\mathbb{Z}/(m)$ の中の「k を含む同値類」$(m) + k$ を対応させる関数 Ψ は，$\mathbb{Z}_m$ から $\mathbb{Z}/(m)$ への体同型写像で

もある.

$\mathbb{Z}_m$ と $\mathbb{Z}/(m)$ は体として同型： $\mathbb{Z}_m \cong \mathbb{Z}/(m)$

⟨例 3⟩　複素数の体 $\mathbb{C}$ から $\mathbb{C}$ 自身への写像

$$\Phi(x+yi) = x - yi$$

は同型写像である：実際, 事実 1 の条件(1), (2), (3)は, どれも機械的な計算でたしかめられる.

$$\begin{aligned}\Phi((x+yi)+(v+wi)) &= \Phi((x+v)+(y+w)i) \\ &= (x+v)-(y+w)i, \\ \Phi(x+yi)+\Phi(v+wi) &= x-yi+v-wi \\ &= (x+v)-(y+w)i\end{aligned}$$

(2)も同様で, (3)は明らかであるから, あとの確認はお任せする.

なおこのような「自分自身への同型写像」は, **自己同型写像**（149 ページ以降参照）と呼ばれる.

4.2　新しい体の構成

4.2.1　分数の体

歴史的に最も古い体は, 有理数体 $\mathbb{Q}$ （分数の集合が作る体）である. 整数から分数を構成する手段は小学校以来おなじみで, 他の整域にも応用できるので, ここで簡単に復習をしておこう.

整数同士では, 加減算と乗算は自由にできるが, 割り算ができるとは限らない.

$$4 \div 2 = 2, \quad 9 \div 3 = 3, \quad 60 \div 12 = 5, \quad \cdots$$

などはよいが，

$$4 \div 3, \quad 4 \div 9, \quad 60 \div 7, \quad \cdots$$

などでは割り算ができない——整数の範囲では「答えがない」のである．そういう不便さを解消するために生まれたのが，分数である．

$$4 \div 3 = \frac{4}{3}, \quad 4 \div 9 = \frac{4}{9}, \quad 60 \div 7 = \frac{60}{7}, \quad \cdots,$$

等々．左辺は「式」であるが，右辺は「新しい数」なので，$4 \div 3$ では答えにならないが，「分数の形で書けば，それで答えになってしまう」とすれば，これは便利である！

しかし見掛けが違う分数（時には整数）が，等しいとみなされることがある．

$$\frac{4}{8} = \frac{2}{4} = \frac{1}{2}, \quad \frac{60}{12} = 5$$

これは，どう考えればいいのだろうか？

分数は「量」，典型的には「長さ」の表現手段である，と考えてもよい．たとえば「3分の4」（$= 4 \div 3$）は，

単位長さの4倍を，3等分した長さ

なのである（図1）．

このように分数が表現手段，つまり一種の「式」であるとすれば，同じ実体を表す手段がたくさんあっても

$$4 \div 2 = 6 \div 3 = 8 \div 4 = \cdots = 2$$

と同じことで，何のふしぎもない．しかしそうだとすると，「有理数」と呼

単位長さ

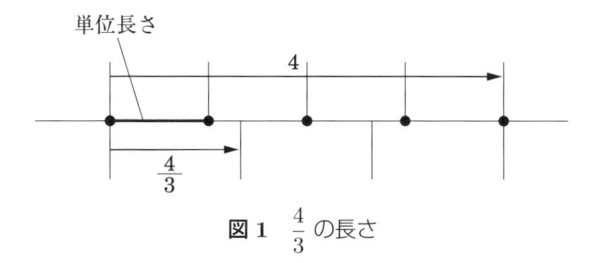

図1　$\dfrac{4}{3}$ の長さ

ばれる数は，いったい何者なのだろうか？

　この問題は，単に論理的な整合性の問題であって，実質的な意味は何もない．しかしこれを解決する道筋を眺めることは，抽象的思考のトレーニングになると思うので，簡単に述べておこう．そんな問題には悩まない，あるいは興味がないというかたは，以下に述べる標準的な道筋の説明を飛ばして，次節 4.2.2 に進んでさしつかえない．

〈第 1 段〉

　任意の整数 x と，$\overset{\bullet}{0}$ $\overset{\bullet}{で}\overset{\bullet}{な}\overset{\bullet}{い}$ 任意の整数 y とのペア (x, y) を，すべて集めた集合 $\mathbb{Q}(\mathbb{Z})$ を考える：

$$\mathbb{Q}(\mathbb{Z}) = \{(x,\ y) \mid x \in \mathbb{Z}, y \in \mathbb{Z} \quad \text{でしかも} \quad y \neq 0\}$$

　ペア (x, y) は，最終的には分数

$$\frac{x}{y}$$

に結びつくのであるが，とりあえずは"単なるペア"として出発する．

〈第 2 段〉

　この集合に，次のような関係"$\sim$"を導入する：

$$vy = wx \text{ が成り立つことを，} (v, w) \sim (x, y) \text{ で表す．}$$

これは同値関係である．この条件 $vy = wx$ は

$$\frac{v}{w} = \frac{x}{y}$$

であるための必要十分条件である．

〈第3段〉

集合 $\mathbb{Q}(\mathbb{Z})$ に，次の演算を導入する（背景は，分数の普通の計算である）．

(ア) 加算： $(v, w) + (x, y) = (vy + wx, wy)$
(イ) 乗算： $(v, w) \times (x, y) = (vx, wy)$

これらは結合法則・交換法則をみたす（分配法則は，特殊な場合しか成り立たない）．

〈参考〉 $\dfrac{1}{2} + \dfrac{2}{3} = \dfrac{3}{6} + \dfrac{4}{6} = \dfrac{3+4}{6} = \dfrac{7}{6}$, $\dfrac{2}{5} \times \dfrac{3}{7} = \dfrac{2 \times 3}{5 \times 7}$

〈第4段〉

さきほどの同値関係 $\sim$ は，これらの演算と両立する．したがって，同値類系 $\mathbb{Q}(\mathbb{Z})/(\sim)$ に，演算 $+, \times$ を導入することができ，結合法則・交換法則だけでなく，分配法則も成り立つ（確認は機械的にできるので省略する）．

以下 $\mathbb{Q}(\mathbb{Z})/(\sim)$ を簡単に $\mathbb{Q}$ で表すことにし，$\mathbb{Q}$ の要素を**有理数**と呼ぶ——有理数とは，1つの同値類のことである．そして $(\mathbb{Q}, +, \times)$ は体になる．また $x, y \in \mathbb{Z}$, $y \neq 0$ に対して，

「(x, y) を含む同値類」（1つの有理数）を $\dfrac{x}{y}$ で表す

ことにすると，たとえば

$(1, 2) \sim (2, 4) \sim (3, 6) \sim (4, 8) \sim \cdots$

であるから

$$\frac{1}{2} = \frac{2}{4} = \frac{3}{6} = \frac{4}{8} = \cdots$$

はどれも同じ同値類（有理数）を表している．これらを分数というなら，分数とは有理数を表す一種の式であり，同じ有理数が無数の分数で表される．

なお $\mathbb{Q}$ の加法の単位元は $\frac{0}{1}$，乗法の単位元は $\frac{1}{1}$ である．$x \neq 0$ であれば，分数 $\frac{x}{y}$ が表す有理数に対して，$\frac{y}{x}$ がその逆元になる．

注意 この立場では，分数とは「同値類を指定する記法」（すなわち，一種の式）である．これを量と結びつけるのは「応用」上の話であって，それなしにも体を構成できるのだから，$\mathbb{Z}$ に限らず一般の整域 A からも「A 上の有理数体」を構成できる．

補足 以上の筋道でも合理化できないのは，整数 x に対する等式

$$\frac{x}{1} = x, \quad 特に \quad \frac{1}{1} = 1, \frac{0}{1} = 0$$

である．これは整数環 $\mathbb{Z}$ が $\mathbb{Q}(\mathbb{Z})/(\sim)$ の部分集合

$$\mathbb{Z}^* = \left\{ \frac{x}{1} \mid x \in \mathbb{Z} \right\}$$

と環同型であることから，

$\mathbb{Q}(\mathbb{Z})/(\sim)$ の中では，$\mathbb{Z}$ を $\mathbb{Z}^*$ におきかえて考える

といえばおだやかであるが，大胆に

x と $\frac{x}{1}$ を**同一視する**

という人も多い．

4.2.2 有理式体

環 A から多項式環 $A[X]$ を構成したように，「A 係数の有理式（分数式）の体」を構成することもできる．ただし「0 でない分母どうしを掛けて，0

になってしまう」ことを避けるために，A は一般の環ではダメで，整域でなければならない．実際，ある整域 A の要素を係数とし，文字 X を変数とするすべての有理式（分母が 0 になるものを除く）の集合を $A(X)$ としてみよう．

この $A(X)$ は，第 3 章で導入した多項式環 $A[X]$ を使えば，次のように表せる：

$$A(X) = \left\{ \frac{f(X)}{g(X)} \mid f(X) \in A[X], g(X) \in A[X] \text{で}, \quad g(X) \neq 0 \right\}$$

この中では係数の演算に基づく通常の有理式（分数式）の計算ができて，自然に体になる．たとえば $A = \mathbb{Q}$（有理数体）の場合：

〈例 1〉

$$\begin{aligned}
\frac{X+1}{X-4} + \frac{X-1}{X+4} &= \frac{(X+1)(X+4) + (X-1)(X-4)}{(X-4)(X+4)} \\
&= \frac{(X^2 + 5X + 4) + (X^2 - 5X + 4)}{(X-4)(X+4)} \\
&= \frac{2X^2 + 8}{X^2 - 16}
\end{aligned}$$

〈例 2〉

$$\begin{aligned}
\frac{X^2 + 4X + 3}{X^2 - 4} \times \frac{X^2 + X - 6}{X+1} &= \frac{(X^2 + 4X + 3)(X^2 + X - 6)}{(X^2 - 4)(X+1)} \\
&= \frac{(X+3)(X+1)(X+3)(X-2)}{(X+2)(X-2)(X+1)} \\
&= \frac{(X+3)^2}{(X+2)}
\end{aligned}$$

このように式の計算は，「約分」を含めて，通常どおりに自由にしてよい．分子が 0 の有理式はもちろん 0 とみなされる．「0 による割り算」以外は，加減乗除が自由にできるのは，明らかであろう．なおこの例では（検

算しやすいように）係数を整数に限っているが，分数であってももちろんかまわない——一般には実係数や複素係数の有理式の体 $\mathbb{R}(X)$, $\mathbb{C}(X)$ なども考えられる．

> **注意 1** 分母が $2X+4$, $3X+3$ の式の積の分母は $6X^2+18X+12$ になるが，
>
> $$2X+4 \neq 0,\ 3X+3 \neq 0 \quad \text{ならば} \quad 6X^2+18X+12 \neq 0$$
>
> が成り立つためには，係数 A は整域でなければならない（<u>体ならば問題ない</u>）——整域でない環，たとえば $A=\mathbb{Z}_6$ では，新しい分母 $6X^2+18X+12$ が 0 になってしまう！ これが「A は整域」と制限する理由である．
>
> **注意 2** $A(X)$ も厳密には，有理数体 $\mathbb{Q}$ と同じ構成法を辿るのが筋であるが，似たようなことの繰り返しになるので省略する．

変数は 1 個だけでなく，n 個の変数 $\alpha_1, \alpha_2, \cdots, \alpha_n$ を含む有理式

$$\frac{\alpha_1+\alpha_3}{1},\quad \frac{\alpha_1{}^3 - 2\alpha_1{}^2\alpha_3 + 5\alpha_1\alpha_3{}^2 - \alpha_3{}^3}{7\alpha_1 + 4\alpha_2{}^2}$$

などをすべて集めた集合 $\mathbb{Q}(\alpha_1, \alpha_2, \cdots, \alpha_n)$ を考えることもできる．

4.2.3 要素の添加による拡大

ある大きな体，たとえば複素数体 $\mathbb{C}$ の中で，その部分集合 K が体になっているとき，K に新しい要素をつけ加えた体を考えることがある．たとえば有理数体 $\mathbb{Q} \subseteq \mathbb{C}$ に，$\mathbb{Q}$ には属さない新しい要素 $\sqrt{2} \in \mathbb{C}$ を付け加えて，新しい体を構成するのである——それを記号

$$\mathbb{Q}(\sqrt{2})$$

で表す．この体 $\mathbb{Q}(\sqrt{2})$ は，直観的には次のような方法(ア)または(イ)で定義される（どちらでもよい）．

(ア)　$\mathbb{Q}$ の要素と $\sqrt{2}$ から，加減乗除によって導かれるすべての数の集合
(イ)　$\mathbb{Q}$ を部分集合として含み，$\sqrt{2}$ を要素として含む，最小の体

しかし有理式体 $\mathbb{Q}(X)$ を利用すれば，もう少し明確な形で定義を与えられる．

(ウ)　$\mathbb{Q}(\sqrt{2}) = \{f(\sqrt{2}) \mid f(X) \in \mathbb{Q}(X)\}$

この定義は一般の体 $K \subseteq \mathbb{C}$，要素 $\gamma \in \mathbb{C}$ にも，すぐ応用できる：

$$K(\gamma) = \{f(\gamma) \mid f(X) \in K(X)\}$$
$$= \left\{ \frac{f(\gamma)}{g(\gamma)} \;\middle|\; f(X) \in K[X],\; g(X) \in K[X],\; g(X) \neq 0 \right\}$$

γ も f の係数も $\mathbb{C}$ に属しているから，多項式 $f(\gamma)$ の計算はすべて $\mathbb{C}$ の中でできる．

次に，$\mathbb{Q}(\sqrt{2})$ が，具体的に「どんな要素を含んでいるか」を調べてみよう．$\mathbb{Q}(\sqrt{2})$ のどの要素も，有理式

$$\frac{f(X)}{g(X)}, \quad f(X),\, g(X) \in Q[X], \quad g(X) \neq 0$$

の X に $\sqrt{2}$ を代入したものであるが，$\sqrt{2}$ の任意の多項式は関係 $(\sqrt{2})^2 = 2$ によって，2 次以上の項を消すことができ，$\sqrt{2}$ の 1 次式で表せる．だから $\sqrt{2}$ のどんな有理式も，分母 ($\neq 0$)・分子ともに $\sqrt{2}$ の 1 次式で表せると考えてよい．すると $\sqrt{2}$ の任意の有理式は，次のように変形できる（なお分母の係数 a, b は「同時に 0」にはならない）．

$$\frac{c + d\sqrt{2}}{a + b\sqrt{2}} = \frac{(c + d\sqrt{2})(a - b\sqrt{2})}{(a + b\sqrt{2})(a - b\sqrt{2})}$$
$$= \frac{ac + ad\sqrt{2} - bc\sqrt{2} - bd(\sqrt{2})^2}{a^2 - b^2(\sqrt{2})^2}$$

$$= \frac{ac - 2bd + (ad - bc)\sqrt{2}}{a^2 - 2b^2}$$
$$= \left(\frac{ac - 2bd}{a^2 - 2b^2}\right) + \left(\frac{ad - bc}{a^2 - 2b^2}\right)\sqrt{2}$$

最後の式の 2 つの有理式は，どちらも $\mathbb{Q}$ に属しているので，全体として $\mathbb{Q}[\sqrt{2}]$ に属している――「有理数係数の，$\sqrt{2}$ の 1 次式」といってもよい．これはおもしろい事実なので，特記しておこう．

> **事実 2** 有理数体 $\mathbb{Q}$ に対して
>
> $$\mathbb{Q}(\sqrt{2}) = \mathbb{Q}[\sqrt{2}]$$
> $$= \{a + b\sqrt{2} \mid a, b \in \mathbb{Q}\}$$

> **補足** a, b が有理数ならば，$a = b = 0$ の場合を除いて，$a^2 - 2b^2 \neq 0$ であること：もし $a^2 - 2b^2 = 0$ ならば $a^2 = 2b^2$ なので，もし $b \neq 0$ ならば $2 = a^2/b^2$，つまり $\sqrt{2} = a/b$ となり，「$\sqrt{2}$ は有理数である」ことになってしまう．それはありえないので，$b = 0$，したがって（$a^2 = 2b^2$ から）$a = 0$ でなければならない．すなわち，$a = b = 0$ の場合を除いて，$a^2 - 2b^2 = 0$ はありえない．

★自己同型写像について

ここでよい機会なので，体の **自己同型写像** の概念について説明しておこう．それは，たとえば

体 $\mathbb{Q}(\sqrt{2})$ から自分自身への同型写像 Φ

ということであるが，話を簡単にするために，

$\mathbb{Q}$ の要素は動かさない： $c \in \mathbb{Q}$ ならば $\Phi(c) = c$

という条件をみたす自己同型写像 Φ を考えることにする——そのような同型写像を, **$\mathbb{Q}$ を動かさない自己同型写像**（略して **$\mathbb{Q}$ 自己同型写像**）という. これはガロア群と関係する，だいじな概念である（付録参照）.

この体 $\mathbb{Q}(\sqrt{2}) = \mathbb{Q}[\sqrt{2}]$ の要素はすべて

$$a + b\sqrt{2}, \quad a, b \in \mathbb{Q}$$

と表され，Φ が $\mathbb{Q}$ 同型写像なら

$$\Phi(a + b\sqrt{2}) = \Phi(a) + \Phi(b)\Phi(\sqrt{2})$$
$$= a + b\Phi(\sqrt{2})$$

であるから，$\Phi(\sqrt{2})$ の値が決まれば，関数 Φ も決まってしまう．しかし

$$\Phi(\sqrt{2})^2 - 2 = \Phi((\sqrt{2})^2) - 2$$
$$= \Phi(2) - 2$$
$$= 2 - 2 = 0$$

なので，$\Phi(\sqrt{2})$ も方程式 $X^2 - 2 = 0$ をみたす．この方程式の解は $\sqrt{2}$ と $-\sqrt{2}$ だけであるから,

$$\Phi(\sqrt{2}) = \sqrt{2} \quad \text{または} \quad -\sqrt{2}$$

といってよい．そこで

$$\Phi_1(\sqrt{2}) = \sqrt{2}, \quad \Phi_2(\sqrt{2}) = -\sqrt{2}$$

とすると,

$$\Phi_1(a+b\sqrt{2}) = a+b\sqrt{2}$$
$$\Phi_2(a+b\sqrt{2}) = a-b\sqrt{2}$$

となる．このうち Φ_1 は恒等写像であるから，もちろん $\mathbb{Q}(\sqrt{2})$ からそれ自身への，$\mathbb{Q}$ を動かさない自己同型写像（$\mathbb{Q}$ 自己同型写像）になっている．また Φ_1 も $\mathbb{Q}$ 自己同型写像であることは，簡単な計算でたしかめられる．

〈証明の目標〉

$$\Phi_2(a+b\sqrt{2}+c+d\sqrt{2}) = \Phi_2(a+b\sqrt{2}) + \Phi_2(c+d\sqrt{2}),$$
$$\Phi_2((a+b\sqrt{2}) \times (c+d\sqrt{2})) = \Phi_2(a+b\sqrt{2}) \times \Phi_2(c+d\sqrt{2})$$

〈検算〉

$$\begin{aligned}
\text{第 1 式左辺} &= \Phi_2(a+b\sqrt{2}+c+d\sqrt{2}) \\
&= \Phi_2(a+c+(b+d)\sqrt{2}) \\
&= (a+c) - (b+d)\sqrt{2}, \\
\text{第 1 式右辺} &= \Phi_2(a+b\sqrt{2}) + \Phi_2(c+d\sqrt{2}) \\
&= a - b\sqrt{2} + c - \sqrt{2} \\
&= (a+c) - (b+d)\sqrt{2}, \\
\text{第 2 式左辺} &= \Phi_2((a+b\sqrt{2}) \times (c+d\sqrt{2})) \\
&= \Phi_2(ac+2bd+(ad+bc)\sqrt{2}) \\
&= (ac+2bd) - (ad+bc)\sqrt{2}, \\
\text{第 2 式右辺} &= \Phi_2(a+b\sqrt{2}) \times \Phi_2(c+d\sqrt{2}) \\
&= (a-b\sqrt{2}) \times (c-d\sqrt{2}) \\
&= (ac+2bd) - (ad+bc)\sqrt{2}
\end{aligned}$$

このように，$\mathbb{Q}(\sqrt{2}) = \mathbb{Q}[\sqrt{2}]$ の $\mathbb{Q}$ 自己同型写像は，Φ_1 と Φ_2 の 2 つだけで，どちらも $X^2 - 2 = 0$ の解の置換

$$\begin{pmatrix} \sqrt{2}, & -\sqrt{2} \\ \sqrt{2}, & -\sqrt{2} \end{pmatrix}, \quad \begin{pmatrix} \sqrt{2}, & -\sqrt{2} \\ -\sqrt{2}, & \sqrt{2} \end{pmatrix}$$

で特徴づけられる（前者は恒等置換で，後者は互換と呼ばれる）．

4.2.4 商環による体の拡大

体の拡大を考えるとき，第3章で扱った商環が役に立つことがある．それを示す準備として，次の事実を証明しておこう．

> **事実3** $A \subseteq \mathbb{C}$, $\gamma \in \mathbb{C}$ で，γ がある既約多項式 $f(X) \in A[X]$ について
>
> $$f(\gamma) = 0$$
>
> をみたす場合には，$g(\gamma) = 0$ をみたす任意の多項式 $g(X) \in A[X]$ は，$f(X)$ で割り切れる．

〈証明〉　$f(X)$ と $g(X)$ の次数最大の共通因数（最大公約元）を $D(X)$ とすると，$f(X)$ は既約多項式なので，その因数は $c \cdot f(X)$ と c（ただし $c \in A$ は0でない定数）しかない．一方，第3章の定理2（109ページ）から不定方程式

$$f(X) \cdot v(X) + g(X) \cdot w(X) = D(X)$$

は解 $v(X)$, $w(X)$ をもつので，X に γ を代入すると

$$D(\gamma) = 0$$

がわかる．したがって，$D(X)$ は c（0でない定数）ではありえず，

$$D(X) = c \cdot f(X), \quad c \neq 0$$

である．したがって，$D(X)$ で割り切れる $g(X)$ は，$f(X)$ でも割り切れる． 〈証明終わり〉

次の定理は強力で，代数方程式論で大活躍する（付録参照）．

定理2 K が体で，γ がある既約多項式 $f(X) \in K[X]$ について方程式

$$f(\gamma) = 0$$

をみたすなら，$K[\gamma]$ は商環 $K[X]/(f(X))$ と同型である．

〈証明〉 まず $K[\gamma]$ の要素がどのように表せるかを調べておこう．
条件 $f(\gamma) = 0$ は，f が n 次多項式であるとすれば

$$a_n \gamma^n + a_{n-1} \gamma^{n-1} + \cdots + a_2 \gamma^2 + a_1 \gamma + a_0 = 0$$

と書けるが，$a_n \neq 0$（で K は体）だから

$$\gamma^n = -a_n^{-1} \cdot (a_{n-1} \gamma^{n-1} + \cdots + a_2 \gamma^2 + a_1 \gamma + a_0) \quad \cdots (*)$$

が成り立つ．この等式 $(*)$ を使えば，$K[\gamma]$ の任意の要素（γ の任意次数の多項式）は n 次以上の項を消せるから，$(n-1)$ 次以下のある多項式

$$b_{n-1} \gamma^{n-1} + \cdots + b_2 \gamma^2 + b_1 \gamma + b_0$$

に等しい．だから集合 $K[\gamma]$ を，次のように表すことができる：

$$K[\gamma] = \{g(\gamma) \mid g(X) \text{ は } n-1 \text{ 次以下の，} K \text{ 係数の多項式}\}$$

一方，$K[X]/(f(X))$ の要素は同値関係

$$g(X) \sim_{(f(X))} h(X)$$

に基づく同値類であるから，次のことが言える．

(ア) 同じ同値類に属する任意の要素 $h(X)$, $g(X)$ について，$h(\gamma) = g(\gamma)$ が成り立つ．

実際，$g(X) \sim_{(f(X))} h(X)$ だから $h(X) - g(X)$ は $f(X)$ で割り切れるので，$X = \gamma$ のとき 0 になる：$h(\gamma) - g(\gamma) = 0$ だから当然，$h(\gamma) = g(\gamma)$ が成り立つ．

(イ) もし $h(\gamma) = g(\gamma)$ であれば，$h(X)$ と $g(X)$ は同じ同値類に属している．

実際，$k(X) = h(X) - g(X)$ とおくと $k(\gamma) = 0$ なので，事実 3 から $k(X)$ は $f(X)$ で割り切れ，したがって

$$h(X) \sim_{(f(X))} h(X)$$

が成り立つ．

そこで，

> 1 つの同値類 $\mathbb{C}$ に，その中の関数 $g(X) \in \mathbb{C}$ を任意に選んで，$g(\gamma)$ を対応させる

ことにすると，(ア)から $g(X)$ をどう選んでも結果 $g(\gamma)$ は変わらないので，これは同値類系 $K[X]/(f(X))$ から $K[\gamma]$ への関数になる．その関数を Ψ とすると，次のことが成り立つ．

① Ψ は対応もれがない：任意の $g(\gamma) \in K[\gamma]$ に対して，

$$\Psi((f(X)) + g(X)) = g(\gamma)$$

だから，それはあたりまえである．
② Ψ は 1 対 1 の関数である： もし

$$\Psi((f(X)+g(X))=\Psi((f(X)+h(X))$$

なら，$g(\gamma)=h(\gamma)$．したがって(イ)から $(f(X))+g(X)$ と $(f(X))+h(X)$ は同じ同値類である．
③ Ψ は準同型写像の条件をみたす．
　これは両立性から機械的に検証できるので，一部だけ示す．

$$\Psi(\{(f(X))+g(X)\}+\{(f(X))+h(X)\})$$
$$=\Psi((f(X))+g(X)+h(X))=g(\gamma)+h(\gamma),$$
$$\Psi((f(X))+g(X))+\Psi((f(X))+h(X))$$
$$=g(\gamma)+h(\gamma)$$

したがって，任意の同値類 C, C' について

$$\Psi(C+C')=\Psi(C)+\Psi(C')$$

が成り立つ．

このように商環 $K[X]/(f(X))$ は環 $K[\gamma]$ と同型である．　〈証明終わり〉

K が体なら，多項式環 $K[X]$ はユークリッド整域で，そこでの既約多項式 $f(X)$ は素元だから，第 3 章の定理 5（127 ページ）によって，商環 $K[X]/(f(X))$ は実は体である．だからそれと同型な $K[\gamma]$ も体であり，次のことが言える．

系 $K(\gamma) = K[\gamma] \cong K[X]/(f(X))$

注意 事実3で $\mathbb{Q}(\sqrt{2}) = \mathbb{Q}[\sqrt{2}]$ であることを指摘したが，これは

$$f(X) = X^2 - 2$$

が $\mathbb{Q}[X]$ の既約多項式（素元）でしかも

$$\mathbb{Q}[\sqrt{2}] \cong \mathbb{Q}[X]/(X^2 - 2)$$

であることから，一般論を学べば明らかなことであった．

〈応用〉 複素数体の合理的な導入：虚数単位 i の導入は，初心者には大きな抵抗感を伴うものであるが，17世紀の数学者にとっても，ひじょうに受け入れがたいものであった．しかし虚数単位 i は方程式 $X^2 + 1 = 0$ の解であるから，関係

$$\text{複素数体 } \mathbb{C} = \mathbb{R}[i] \cong \mathbb{R}[X]/(X^2+1)$$

を利用すると，論理的に何の疑義もない簡単明瞭な代数系として，複素数体と同型の体を導入することができる．実際，商環 $\mathbb{R}[X]/(X^2+1)$ は整数の世界における $\mathbb{Z}/(p)$ のようなもので，多項式のごく普通の計算しか考えておらず，虚数単位のような（一見）不合理な要素を持ち込む必要がない．

なお「同値類」のような集合を「新しい対象（数）と考える」のに慣れていない人は，同値類系 $\mathbb{Z}/(p)$ を代表系 $\mathbb{Z}_p$ におきかえたときのように，「代表系」を考えるとよい．以下その手法を，少し具体的に観察しておこう．

商環（体）$\mathbb{R}[X]/(X^2+1)$ の要素は，ある多項式 $f(X)$ を含む同値類

$$(X^2+1) + f(X)$$

であるが，$f(X)$ を X^2+1 で割った余りの 1 次式は $f(X)$ と同じ同値類に属しているので，$f(X)$ は最初から 1 次式であると仮定してさしつかえない：

$$f(X) = aX + b$$

$a = b = 0$ の場合は $f(X) = 0$，それ以外の場合は $f(X) \neq 0$ である．

$$g(X) = cX + d$$

で $a \neq c$ であるかまたは $b \neq d$ であれば（同じ 1 次式でなければ）

$$f(X) - g(X)$$

は 0 でない 1 次以下の式で，2 次式 (X^2+1) では割り切れないから，

$$(X^2+1) + f(X), \quad (X^2+1) + g(X)$$

は異なる同値類である．したがって，同値類と 1 次式 $aX+b$ とは，1 対 1 に対応するので，同値類系 $\mathbb{R}[X]/(X^2+1)$ の各同値類をそれぞれの代表（1 次式）におきかえれば，実数係数の 1 次多項式の集合

$$\mathbb{R}_1[X] = \{aX + b \mid a, b \in \mathbb{R}\}$$

になる——これが"代表系"である．

　では同値類系 $\mathbb{R}[X]/(X^2+1)$ での演算は，代表系 $\mathbb{R}_1[X]$ に移すと，どんな演算になるだろうか．それは同値類系での演算（太字で示す）を具体的に書き表してみれば，はっきりする．

(ア) 和：

$$((X^2+1)+f(X))+((X^2+1)+g(X)) = (X^2+1)+(f(X)+g(X)),$$

(イ) 積：

$$((X^2+1)+f(X))\times((X^2+1)+g(X)) = (X^2+1)+(f(X)\times g(X))$$

$f(X)\times g(X)$ は一般には 2 次式だから"代表"とは限らないが，これを「(X^2+1) で割った余り」におきかえれば，いつでも同じ同値類の中の 1 次式（代表）になる：

$$((X^2+1)+f(X))\times((X^2+1)+g(X))\\ = (X^2+1)+(f(X)\times g(X) \text{ を } (X^2+1) \text{ で割った余り})$$

そこで $f(X), g(X) \in \mathbb{R}_1[X]$ に対して

$$f(X) \oplus g(X) = f(X) + g(X) \quad (\text{通常の加算}),\\ f(X) \otimes g(X) = (f(X) \times g(X) \text{ を } (X^2+1) \text{ で割った余り})$$

とおけば，代数系

$$(\mathbb{R}_1[X], \oplus, \otimes)$$

は商環 $(\mathbb{R}[X]/(X^2+1), +, \times)$ と同型（したがって，体）になる．

この代表形の中で，虚数単位と同じ働きをするのは，単項式 X である．実際，

$$X \otimes X = (X \times X = X^2 \text{ を } (X^2+1) \text{ で割った余り})$$

であるが，割り算を実行すると次のようになる：

$$\begin{array}{r} 1 \\ X^2+1 \overline{\smash{)}\, X^2} \\ \underline{X^2+1} \\ -1 \quad \cdots\cdots \text{余り} \end{array}$$

このように余りは -1 なので，

$$X \otimes X = -1$$

である——文字 X が，虚数単位と同じ働きをするのである．このように考えれば，複素数体が実数体から「論理的に矛盾なく構成できる」ことは明らかであろう．

> **補足** 単項イデアル (X^2+1) による商環を考えるとは，おおざっぱにいえば「$X^2+1=0$ とみなす」ということなので，$X^2=-1$ となるのはあたりまえのことである．

> **例題** 代数系 $(\mathbb{R}_1[X], \oplus, \otimes)$ 中での，$3X+4$ の乗法の逆元を求めなさい．
> 〔ヒント〕 $(4+3i)(4-3i) = 4^2 - (3i)^2 = 16 - (-9) = 16 + 9 = 25$
>
> 〈答え〉
> $$-\frac{3}{25}X + \frac{4}{25}$$
>
> 〈検算〉
> $$\begin{aligned} (3X+4)&\left(-\frac{3}{25}X + \frac{4}{25}\right) \\ &= -\frac{9}{25}X^2 + \frac{3\times 4 + 4\times(-3)}{25}X + \frac{16}{25} \\ &= -\frac{9}{25}(X^2+1) + \frac{9}{25} + \frac{12-12}{25}X + \frac{16}{25} \end{aligned}$$

$$= -\frac{9}{25}(X^2+1) + \frac{9+16}{25}$$
$$= -\frac{9}{25}(X^2+1) + 1$$

したがって

$$(3X+4) \otimes \left(-\frac{3}{25}X + \frac{4}{25}\right)$$
$$= (3X+4)\left(-\frac{3}{25}X + \frac{4}{25}\right) \text{ を } (X^2+1) \text{ で割った余り}$$
$$= 1$$

4.3 有限体

最後に情報科学（特に符号理論）でよく使われる"有限体"について，基礎的なことを学んでおこう．

4.3.1 有限体・位数・標数

定義 2 要素が有限個しかない体を，**有限体**という．要素の個数を，その有限体の**位数**という．

〈例〉 $(\mathbb{Z}_p, +, \times)$ は p 個の要素からなる（位数 p の）有限体である．

有限体の場合，乗法の単位元を 1 とすると

$$1, \quad 1+1, \quad 1+1+1, \quad 1+1+1+1, \quad \cdots$$

はいくらでも続けられるが，要素は有限個しかないので，どこかで同じものがまた現れる．たとえば

$$1+1+1+1+1 = 1+1$$

とすると，実は（両辺に $-(1+1)$ を加えれば）

$$1+1+1=0$$

のように「いくつか足せば（この例では3つ足せば）0になる」はずである．この3という数（足して0になる，最小個数）を**標数**という．有限体の標数はもちろん有限であるが，無限の体 $\mathbb{Q}$ や $\mathbb{R}$ などでは1をいくら足しても0にならない．そのような場合は「標数は $\overset{\cdots}{0}$ 」と約束する．

〈例〉　$\mathbb{Z}_3$ では $1 \oplus 1 \oplus 1 = 0$ である．一般に素数 p に対して，$\mathbb{Z}_p$ は位数 p，標数 p の有限体である．

> **注意**　標数がたとえば3なら，任意の x について：
> $$x+x+x = x\times 1 + x\times 1 + x\times 1 = x\times(1+1+1) = x\times 0 = 0$$

有限体の標数は，いつでも素数である．たとえば，6個足して0になる：

$$1+1+1+1+1+1=0$$

とすると，分配法則から

$$(1+1)\times(1+1+1) = (1+1)+(1+1+1) = 0$$

になるから，体（整域，零因子が$\overset{\cdots}{な}\overset{\cdot}{い}$）では $1+1=0$ かまたは $1+1+1=0$ である．

体 K における乗法についても，同じような議論ができる．$\alpha \neq 0$ を K の要素とすると，

$$1(=\alpha^0),\ \alpha(=\alpha^1),\ \alpha^2,\ \alpha^3,\ \cdots$$

は，すべて異なることはありえないので，どこかで同じものが出てくる：たとえば

$$\alpha^7 = \alpha^3$$

とすると，$\alpha \neq 0$ には乗法の逆元があるから，

$$\alpha^4 = 1$$

が導かれる：任意の $\alpha \neq 0$ は，ある自然数 k について $\alpha^k = 1$ をみたす，ということである．そのような最小の自然数 $k\ (>0)$ を，**要素 $\alpha\ (\neq 0)$ の位数**という．この位数は標数と違って，要素によって異なるので，素数 $p=7$ から決まる体 $\mathbb{Z}_7$ の場合，$\alpha \in \mathbb{Z}_7$, $\alpha \neq 0$ の位数は次のようになる：

α	1	2	3	4	5	6
α の位数	1	3	6	3	6	2

検算 $\mathbb{Z}$ での計算と混同しないように，ここでは $\mathbb{Z}_7$ での計算結果を "$\equiv$" で表すことにすると：

2： $2^2 \equiv 4,\ 2^3 \equiv 1$,

3： $3^2 \equiv 2,\ 3^3 \equiv 2 \times 3 \equiv 6,\ 3^4 = 6 \times 3 \equiv 4,\ 3^5 \equiv 4 \times 3 \equiv 5$, $3^6 \equiv 5 \times 3 \equiv 1$,

4： $4^2 \equiv 2,\ 4^3 \equiv 2 \times 4 \equiv 1$,

5： $5^2 \equiv 4,\ 5^3 \equiv 4 \times 5 \equiv 6,\ 5^4 \equiv 6 \times 5 \equiv 2,\ 5^5 \equiv 2 \times 5 \equiv 3$, $5^6 \equiv 3 \times 5 \equiv 1$,

6： $6^2 \equiv 1$

事実 4 有限体 K の要素 $\alpha(\neq 0)$ の位数が k で, $\alpha^m = 1$ ならば, m は k の倍数である.

〈証明〉 m を k で割った商を q, 余りを d とすると, $0 \leqq d < k$ であるが, $\alpha^k = 1$, したがって $\alpha^{kq} = 1^q = 1$ であるから,

$$\alpha^d = 1 \times \alpha^d = \alpha^{kq} \times \alpha^d = \alpha^{kq+d} = \alpha^m = 1$$

となる. しかし k は位数 ($a^k = 1$ となる最小の自然数) なので, $0 < d < k$ はありえない. したがって $d = 0$, すなわち m は k で割り切れる.
〈証明終わり〉

有限体 K の位数 q と要素 $\alpha \in K$ ($\alpha \neq 0$) の位数の間には, 次の関係がある.

事実 5 位数 q の体 K の, 0 でない要素 α の位数は, $q-1$ を超えない.

〈証明〉 系列

$$1(=\alpha^0), \quad \alpha(=\alpha^1), \quad \alpha^2, \quad \alpha^3, \quad \cdots$$

において, 同じものが現れる. たとえば $\alpha^7 = \alpha^3$ となる前に $\alpha^4 = 1$ となるので, $\alpha^k = 1$ となるまでは, すべての α^j ($0 \leqq j < k$) は互いに異なる. K の要素の個数を q とすると, 上の系列には 0 は現れないので, k 個の要素 $\alpha^0, \alpha^1, \cdots, \alpha^{k-1}$ がすべて異なるとすれば, $k \leqq q-1$ でなければならない. だから要素 α の位数 k は, (体の位数 q) -1 を超えることはない.
〈証明終わり〉

有限体 K の位数が q であるとき, 位数がちょうど $q-1$ である要素

$\alpha \in K$ を,K の**原始根**という.たとえば位数 7 の体 $\mathbb{Z}_7$ には,2 つの原始根 3, 5 がある(162 ページの表参照).0 以外の要素はすべて原始根の何乗かで表せるので,$\mathbb{Z}_7$ から 0 を除いた残りを $\mathbb{Z}_7{}^*$ とおくと,次のことが言える:

$$\begin{aligned}\mathbb{Z}_7{}^* &= \{1,2,3,4,5,6\} \\ &= \{1(=3^0), 3(=3^1), 3^2, \cdots, 3^5\} \\ &= \{1(=5^0), 5(=5^1), 5^2, \cdots, 5^5\}\end{aligned}$$

この集合 $\mathbb{Z}_7{}^*$ は,乗法について可換群になるが,このようにある特定の元(この例では 3,あるいは 5)のベキ乗から成る乗法群は,**巡回群**と呼ばれる.

> **補足** 「巡回群」という名前の由来は,この例でいえば「x を 3 倍する」という操作がひきおこす $\mathbb{Z}_7{}^*$ の要素の変換が,巡回置換になるからである:
>
> $$3^0 \longrightarrow 3^1 \longrightarrow 3^2 \longrightarrow 3^3 \longrightarrow 3^4 \longrightarrow 3^5 \longrightarrow 3^6$$
>
> 置換の記法で書けば:
>
> $$\begin{pmatrix} 3^0 & 3^1 & 3^2 & 3^3 & 3^4 & 3^5 & 3^6 \\ 3^1 & 3^2 & 3^3 & 3^4 & 3^5 & 3^6 & 3^0 \end{pmatrix} = \begin{pmatrix} 1 & 3 & 2 & 6 & 4 & 5 \\ 3 & 2 & 6 & 4 & 5 & 1 \end{pmatrix}$$

原始根の存在は,$\mathbb{Z}_7$ に限らず,すべての有限体にあてはまる基本的な事実である.

定理 3 どんな有限体 K にも,原始根が存在する.

まず準備として,次の事実を証明しておこう.

事実6 α の位数が r, β の位数が s で, r, s が互いに素ならば, 要素の積 $\alpha\beta$ の位数はもとの位数の積 rs に一致する.

〈証明〉 $\alpha\beta$ の位数を m とおくと,

$$1 = (\alpha\beta)^m = (\alpha\beta)^{rm} = \alpha^{rm}\beta^{rm} = 1 \times \beta^{rm} = \beta^{rm}$$

したがって, rm は b の位数 s の倍数でなければならない (事実5). しかし r と s は互いに素なので, rm が s の倍数になるのは, m が s の倍数であるときに限る (第1章・事実7, 25ページ). また

$$1 = (\alpha\beta)^m = (\alpha\beta)^{sm} = \alpha^{sm}\beta^{sm} = \alpha^{sm} \times 1 = \alpha^{sm}$$

について同様の議論を繰り返すと, m は s の倍数でもあり, r と s は互いに素なので, m は rs の倍数, したがって $m \geqq rs$ である.
　一方

$$(\alpha\beta)^{rs} = \alpha^{rs}\beta^{sr} = 1 \times 1 = 1$$

なので, 位数 (最小の指数) $m \leqq rs$ であり, さきほどの不等式とあわせて, $m = rs$ が得られる. 〈証明終わり〉

〈定理3の証明〉 有限体 K の位数を q とし, K の0でない要素で位数が最大のものを α, その位数を r とする. 以下 $r < q-1$ と仮定して, 矛盾を導く. α は方程式

$$X^r - 1 = 0$$

の解であるが, この方程式の K の中での解は r 個を超えないから, $r < q-1$

なら，この方程式をみたさない，0 でない要素 $\beta \in K$ がある．β の位数を s とおくと，s は r の約数ではない（さもないと，$\beta^r - 1 = 0$ になってしまう）．

r と s は「互いに素」とは限らないが，ここで第 1 章で扱った次の事実が役に立つ（20 ページ例題，文字を変えて再掲）:

整数 r, s は，同じ素因数の積として，次のように表せる：

$$r = p_1{}^{k_1} \times p_2{}^{k_2} \times \cdots \times p_t{}^{k_t}$$
$$s = p_1{}^{h_1} \times p_2{}^{h_2} \times \cdots \times p_t{}^{h_t}$$

ここで素因数 p_j の順序を適当に変えれば，

$$k_1 \geqq h_1, \quad k_2 \geqq h_2, \quad \cdots, \quad k_j \geqq h_j, \quad k_{j+1} < h_{j+1}, \quad \cdots, \quad k_t < h_t$$

としてよい——s は r の約数ではないので，$j+1 \leqq t$ である（$k_t < h_t$ としてよい）．そこで

$$r_1 = p_1^{k_1} \times \cdots \times p_j^{k_j}, \ r_2 = p_{j+1}{}^{k_{j+1}} \times \cdots \times p_t^{k_t}$$
$$s_1 = p_1^{h_1} \times \cdots \times p_j^{h_j}, \ s_2 = p_{j+1}{}^{h_{j+1}} \times \cdots \times p_t^{h_t}$$

とおくと，もちろん

$$r = r_1 \times r_2, \quad s = s_1 \times s_2$$

であるが，さらに

$$\alpha_2 = \alpha^{r_2}, \quad \beta_1 = \beta^{s_1}$$

とおくと，次のことが成り立つ：

(ア) α_2 の位数は r_1, β_1 の位数は s_2 である.

実際, $\alpha_2{}^{r_1} = (\alpha^{r_2})^{r_1} = \alpha^{r_2 \times r_1} = \alpha^r = 1$ であるが, r_2 より小さな指数では α_2 は 1 にならない(もしなったとすれば, r が α の指数であることに反する).β_1 の指数についても同様である.

(イ) r_1, s_2 は互いに素である.

それは共通因数がないのだから,あたりまえである.
したがって $\alpha_2 \times \beta_1$ の指数は,事実 6 から

$$r_1 \times s_2 = p_1{}^{k_1} \times \cdots \times p_j{}^{k_j} \times p_{j+1}{}^{h_{j+1}} \times \cdots \times p_t{}^{h_t}$$

で, $r_2 < s_2$ だからこれは r より大きい.これは「r が最大の指数である」という仮定に反するので, $r = q - 1$ でなければならない. 〈証明終わり〉

ここからただちに,次の事実が導かれる.

> **定理 3 の系** 位数 q の任意の有限体 K について, K から 0 を除いた残りの集合を K^* とおくと, K^* は原始根 α によって,次のように表される:
>
> $$K^* = \{1(=\alpha^0), \alpha(=\alpha^1), \alpha^2, \cdots, \alpha^{q-2}\}$$
>
> そして代数系 $(K^*, \times)$ は巡回群である.

4.3.2 商環による有限体の構成

第 3 章で,任意の体 K 上の多項式環 $K[X]$ と, $K[X]$ での既約多項式 $f(X)$ から決まる商環 $(K[X]/(f(X)), +, \times)$ は体になることを示したが,係

数体 K が有限体なら，これも有限体になる．これは有限体を構成する手軽な方法である．そこで以下，$\mathbb{Z}_p[X]$ の中の既約多項式をリストアップする，簡単な方法を紹介しておこう（素数のリストアップによく使われる方法の拡張である）．以下具体例として，$p=2$ の場合で説明する．

エラトステネスの方法：$\mathbb{Z}_2$ における多項式を次数の低いほうからもれのないように（ある次数まで，すべて）リストアップして，以下の手順を実行する．

① リストの中の（消されていない）多項式の中で，先頭のものに○印をつける．

② 今○をつけた多項式の倍元を，すべて消してから，①に戻る．

〈例〉 ここでは「消す」ことを，斜線をつけて表す．

最初の①：

$$\bigcirc X,\ X+1,\ X^2,\ X^2+1,\ X^2+X,\ X^2+X+1,$$
$$X^3,\ X^3+1,\ X^3+X,\ X^3+X+1,$$
$$X^3+X^2,\ X^3+X^2+1,\ X^3+X^2+X,\ X^3+X^2+X+1,\cdots$$

②：

$$\bigcirc X,\ X+1,\ \cancel{X^2},\ X^2+1,\ \cancel{X^2+X},\ X^2+X+1,$$
$$\cancel{X^3},\ X^3+1,\ \cancel{X^3+X},\ X^3+X+1,$$
$$\cancel{X^3+X^2},\ X^3+X^2+1,\ \cancel{X^3+X^2+X},\ X^3+X^2+X+1,\cdots$$

①：

$$\bigcirc X,\ \bigcirc X+1,\ \cancel{X^2},\ X^2+1,\ \cancel{X^2+X},\ X^2+X+1,$$
$$\cancel{X^3},\ X^3+1,\ \cancel{X^3+X},\ X^3+X+1,$$
$$\cancel{X^3+X^2},\ X^3+X^2+1,\ \cancel{X^3+X^2+X},\ X^3+X^2+X+1,\cdots$$

② :

$\bigcirc X$, $\bigcirc X+1$, $\cancel{X^2}$, $\cancel{X^2+1}$, $\cancel{X^2+X}$, X^2+X+1,
X^3, $\cancel{X^3+1}$, $\cancel{X^3+X}$, X^3+X+1,
$\cancel{X^3+X^2}$, X^3+X^2+1, $\cancel{X^3+X^2+X}$, $\cancel{X^3+X^2+X+1}$, $\cdots$

① :

$\bigcirc X$, $\bigcirc X+1$, $\cancel{X^2}$, $\cancel{X^2+1}$, $\cancel{X^2+X}$, $\bigcirc X^2+X+1$,
X^3, $\cancel{X^3+1}$, $\cancel{X^3+X}$, X^3+X+1,
$\cancel{X^3+X^2}$, X^3+X^2+1, $\cancel{X^3+X^2+X}$, $\cancel{X^3+X^2+X+1}$, $\cdots$

$\cdots\cdots\cdots$

ここで次のことがわかる：

　　消されずに残って，○がついた多項式は，
　　すべて既約多項式である：
　　　X, 　$X+1$, 　X^2+X+1

それより低次の式で割り切れたら消されてしまうので，このようにして，ある次数までのすべての既約多項式を求めることができる．

　　注意 1　もう少し先まで進めると，X^3+X+1 や X^3+X^2+1 も既約であることがわかる．

　　注意 2　$\mathbb{Z}_2$ の世界では $1+1=0$ であるから，X^2+1 は既約でない：
　　　$(X+1)^2 = X^2 + (1+1)X + 1 = X^2 + 1$

ところで (X^2+X+1) は $\mathbb{Z}_2[X]$ において既約なので，次のような有限体が構成できる：

⟨例 1⟩

$$\mathbb{Z}_2[X]/(X^2+X+1)$$
$$= \{(X^2+X+1)+0,\ (X^2+X+1)+1,$$
$$(X^2+X+1)+X,\ (X^2+X+1)+X+1\}$$

これは標数 2, 位数 4 の体である. 同値類系を代表系におきかえると,

$$S = \{0,\ 1,\ X,\ X+1\}$$

となる：S の中では加減算は（係数は $\mathbb{Z}_2$ として）ふつうに行ってよいが, 乗算は,

答えが 2 次以上の多項式になったら,
(X^2+X+1) で割った余りにおきかえる

と, $\mathbb{Z}_2[X]/(X^2+X+1)$ の乗算と同じ（同型）になる. その結果をまとめた「乗算表」を示しておこう（表 1）.

表 1 $\mathbb{Z}_2[X]/(X^2+X+1)$ の乗算表

	0	1	X	$X+1$
0	0	0	0	0
1	0	1	X	$X+1$
X	0	X	$X+1$	1
$X+1$	0	$X+1$	1	X

検算 $X \times (X+1) = X^2 + X = 1 \times (X^2+X+1)+1 \quad \rightarrow \quad$（余り）1

注意 $f(X)$ $(\neq 0)$ に対応するどの行にも，必ず 1 がある．どの $f(X)$ にも逆元 $f(X)^{-1}$ が存在するのだからそれは当然であるが，逆にそのことから，この環が体であることがたしかめられる．

この体 $(S, +, \times)$ において，要素 X, $X+1$ はどちらも原始根である：

$$\begin{aligned} S \text{から} 0 \text{を除いた残りの集合 } S^* &= \{1, X, X+1\} \\ &= \{1, X, X^2(=X+1)\} \\ &= \{1, X+1, (X+1)^2(=X)\} \end{aligned}$$

3 次の既約多項式 $X^3 + X + 1$ についても調べてみよう．

〈例 2〉

$$\begin{aligned} &\mathbb{Z}_2[X]/(X^3+X+1) \\ &= \{(X^3+X+1)+0,\ (X^3+X+1)+1, \\ &\quad (X^3+X+1)+X,\ (X^3+X+1)+X+1, \\ &\quad (X^3+X+1)+X^2,\ (X^3+X+1)+X^2+1, \\ &\quad (X^3+X+1)+X^2+X,\ (X^3+X+1)+X^2+X+1\} \end{aligned}$$

は位数 8, 標数 2 の体である．同値類系を代表系におきかえると，

$$S = \{0,\ 1,\ X,\ X+1,\ X^2,\ X^2+1,\ X^2+X,\ X^2+X+1\}$$

となる：S の中では加減算は（係数は $\mathbb{Z}_2$ として）ふつうに行ってよいが，乗算は，

　　答えが 3 次以上の多項式になったら，
　　(X^3+X+1) で割った余りにおきかえる

と，$\mathbb{Z}_2[X]/(X^3+X+1)$ の乗算と同じ（同型）になる．その結果をまとめた「乗算表」は，次の表 2 のようになる：これは標数 2, 位数 8 の有限体

である.

表2 $\mathbb{Z}_2[X]/(X^3+X+1)$ の乗算表

	0	1	X	$X+1$	X^2	X^2+1	X^2+X	X^2+X+1
0	0	0	0	0	0	0	0	0
1	0	1	X	$X+1$	X^2	X^2+1	X^2+X	X^2+X+1
X	0	X	X^2	X^2+X	$X+1$	1	X^2+X+1	X^2+1
$X+1$	0	$X+1$	X^2+X	X^2+1	X^2+X+1	X^2	1	X
X^2	0	X^2	$X+1$	X^2+X+1	X^2+X	X	X^2+1	1
X^2+1	0	X^2+1	1	X^2	X	X^2+X+1	$X+1$	X^2+X
X^2+X	0	X^2+X	X^2+X+1	1	X^2+1	$X+1$	X	X^2
X^2+X+1	0	X^2+X+1	X^2+1	X	1	X^2+X	X^2	$X+1$

この表2を観察すると,次のことがわかる.

(1) 0を除くどの行にも,すべての要素がちょうど1回ずつ現れている.

それは当然で,もし $f(X) \neq 0$, $g(X) \neq 0$ に対して

$$h(X) \cdot f(X) = h(X) \cdot g(X)$$

ならば

$$h(X) \cdot (f(X) - g(X)) = 0$$

で,$S\ (\cong \mathbb{Z}_2[X]/(X^3+X+1))$ は体,したがって整域だから

$$f(X) - g(X) = 0,$$

すなわち $f(X) = g(X)$ でなければならない.

(2) X は，S の原始根である:

$$S = \{1,\ X,\ X^2,\ X^3,\ X^4,\ X^5,\ X^6,\ X^7\}$$
$$= \{1,\ X,\ X^2,\ X+1,\ X^2+X,\ X^2+X+1,\ X^2+1\}$$

4.3.3　一般の有限体

既約多項式 $f(X) \in \mathbb{Z}_p[X]$ について $\mathbb{Z}_p[X]/(f(X))$ が有限体になることを示した．そこで最後に，

<u>それ以外に有限体はない</u>

ことを証明しておこう．

> **定理 4**　標数 p の有限体 K は，ある既約多項式 $g(X) \in \mathbb{Z}_p[X]$ によって，次のように表される:
>
> $$K \cong \mathbb{Z}_p[X]/(g(X))$$
>
> **系**　$g(X)$ の次数が m ならば，K の位数は p^m である．

準備として，次のことを証明しておく．

> **事実 7**　K が標数 p の有限体であるとき，K の乗法の単位元 1 と $\mathbb{Z}_p$ の乗法の単位元 1 を同一視すれば，
>
> $$\mathbb{Z}_p \subseteq K$$

注意 「同一視」という乱暴な言葉を避けるには,

$$\Phi(\mathbb{Z}_p \text{ の } 1) = K \text{ の } 1$$

という $\mathbb{Z}_p$ から K への準同型写像を使って,「$\mathbb{Z}_p$ は K に埋め込める」という言いかたをすればよい.

〈証明〉

$$\begin{aligned}\mathbb{Z}_p &= \{0,\ 1,\ \cdots,\ p-1\} \\ &= \{0,\ 1,\ 1+1,\ 1+1+1,\ \cdots,\ 1+1+\cdots+1\} \subseteq K\end{aligned}$$

から明らか. 〈証明終わり〉

事実 8 K が標数 p の有限体であるとき, K の 1 つの原始根を α とすると,

$$K = \mathbb{Z}_p[\alpha]$$

〈証明〉 K は $\mathbb{Z}_p$, α を含むから, $\mathbb{Z}_p[\alpha] \subseteq K$ はあたりまえである. 一方,

$$K = \{0,\ 1,\ \alpha,\ \alpha^2,\ \alpha^3,\ \cdots,\ \alpha^{q-2}\} \subseteq \mathbb{Z}_p[\alpha]$$

であるから, $K = \mathbb{Z}_p[\alpha]$ が成り立つ. 〈証明終わり〉

〈定理 4 の証明〉 K の原始根 α は方程式

$$X^{q-1} - 1 = 0$$

の解で，$f(X) = X^{q-1} - 1 \in \mathbb{Z}_p[X]$ である．そこで $f(X)$ を，$\mathbb{Z}_p[X]$ の中で既約多項式の積に分解したものを

$$f(X) = g_1(X) \cdot g_2(X) \cdots g_m(X)$$

とすると，α はある j について

$$g_j(\alpha) = 0$$

をみたす．したがって定理 2 から，$K = \mathbb{Z}_p[\alpha]$ は $\mathbb{Z}_p[X]/(g_j(X))$ と同型である． 〈証明終わり〉

〈定理 4・系の証明〉 $g(X) = g_j(X)$ は m 次のモニックな多項式であるとして

$$g(X) = X^m + a_{m-1}X^{m-1} + \cdots + a_2 X^2 + a_1 X + a_0$$

と書くと，

$$K = \mathbb{Z}_p[\alpha]$$

の要素は $\mathbb{Z}_p$ 係数の α の多項式であるが，m 次以上の項は $g(\alpha) = 0$，いいかえれば

$$\alpha^m = 1 - (a_{m-1}\alpha^{m-1} + \cdots + a_2\alpha^2 + a_1\alpha + a_0)$$

によって消すことができる．したがって

$$K = \mathbb{Z}_p[\alpha]$$
$$= \{a_{m-1}\alpha^{m-1} + \cdots + a_2\alpha^2 + a_1\alpha + a_0 \mid a_j \in \mathbb{Z}_p\}$$

と表すことができ，$a_j \in \mathbb{Z}_p$ は任意だから，その組み合わせは p^m 通りある．したがって，K の位数（要素の個数）も p^m である． 〈証明終わり〉

さらに次の定理も成り立つが，本書ではこれ以上の展開は望めないので，証明は省略する．

定理5 同じ位数の有限体は，すべて互いに同型である．

付録──代数方程式論とは

第 4 章・4.2.4 節の定理 2（153 ページ）について，この定理は「強力で，代数方程式論で大活躍する」と述べたが，代数方程式論について述べる機会がなかった．ここで詳細を語ることはできないが，興味を深めていただくために，ほんの入り口のところだけは眺めておきたい．

(A) 代数方程式とは

複素数係数の多項式 $f(X) \in \mathbb{C}[X]$ を 0 とおいて得られる方程式

$$f(X) = 0$$

を，代数方程式という（係数の体 $\mathbb{C}$ は，$\mathbb{Z}$, $\mathbb{Q}$ あるいは $\mathbb{R}$ に制限することもある）．多項式 f の次数が n のとき，この方程式を n 次方程式という．

代数方程式については，次の定理が重要である．

> **定理（代数学の基本定理）** n 次方程式
> $$a_n X^n + a_{n-1} X^{n-1} + \cdots + a_2 X^2 + a_1 X + a_0 = 0, \quad a_n \neq 0$$
> は，複素数の範囲で n 個の解 $\alpha_1, \cdots, \alpha_n$ をもち，次のように因数分

解できる：

$$a_n X^n + a_{n-1} X^{n-1} + \cdots + a_2 X^2 + a_1 X + a_0 \\ = a_n(X - \alpha_1)(X - \alpha_2) \cdots (X - \alpha_n)$$

系（解と係数の関係） $n = 2$ の場合，

$$\alpha_1 + \alpha_2 = -\frac{a_1}{a_2}, \quad \alpha_1 \alpha_2 = \frac{a_0}{a_2}$$

$n = 3$ の場合，

$$\alpha_1 + \alpha_2 + \alpha_3 = -\frac{a_2}{a_3},$$
$$\alpha_1 \alpha_2 + \alpha_2 \alpha_3 + \alpha_3 \alpha_1 = \frac{a_1}{a_3},$$
$$\alpha_1 \alpha_2 \alpha_3 = -\frac{a_0}{a_3}$$

一般に，すべての k $(1 \leqq k \leqq n)$ について

$$\alpha_j \text{ の } k \text{ 個の積の総和} = (-1)^k \frac{a_{n-k}}{a_n}$$

定理の証明はここではできないが，解が n 個あるとさえわかれば，素元分解の一意性から右辺の因数分解が導かれ（第 4 章，137 ページの定理 1 参照），因数分解を展開して同類項を整理して x^k の係数を比較すれば，系が導かれる．

〈例〉 $X^n - 1 = 0$ は，複素数の範囲で n 個の解をもつ．たとえば

$$X^3 - 1 = (X-1)(X^2 + X + 1)$$
$$= (X-1)\left(X - \frac{-1+\sqrt{3}i}{2}\right)\left(X - \frac{-1-\sqrt{3}i}{2}\right)$$

(B) 代数的解法とは

代数方程式

$$a_n X^n + a_{n-1} X^{n-1} + \cdots + a_2 X^2 + a_1 X + a_0 = 0, \quad a_n \neq 0$$

の解を,加減乗除とベキ根(平方根,立方根など,一般に n 乗根)を求める操作を繰り返して求める方法を,代数的解法という.

〈例〉 2次方程式 $aX^2 + bX + c = 0$ ($a \neq 0$) は,次のようにして解ける.

① $d = b^2 - 4ac$ を求める.
② $D = \sqrt{d}$ を求める.

そうすればあとは加減乗除だけで,2つの解 α, β を求められる.

$$\alpha = \frac{-b+D}{2a}, \quad \beta = \frac{-b-D}{2a}$$

〔ヒント〕 $(\alpha-\beta)^2 = (\alpha+\beta)^2 - 4\alpha\beta = \left(-\frac{b}{a}\right)^2 - 4 \times \frac{c}{a} = \frac{b^2}{a^2} - \frac{4c}{a} = \frac{b^2-4ac}{a^2}$

一般に「代数的解法」は,次のように進められる:

最初のデータ $\underset{\text{ベキ根}}{\overset{\text{加減乗除}}{\Rightarrow}}$ $\underset{\text{ベキ根}}{\overset{\text{加減乗除}}{\Rightarrow}}$ …… $\underset{\text{ベキ根}}{\overset{\text{加減乗除}}{\Rightarrow}}$ $\underset{\text{ベキ根}}{\overset{\text{加減乗除}}{\Rightarrow}}$ 解

そこで最初のデータ（係数と，有理数の定数 2，4 などは自由に使ってよいとして）に加減乗除を施して導かれる体

$$K_0 = \mathbb{Q}(a_n, a_{n-1}, \cdots, a_0)$$

から出発して，それにあるベキ根を付け加え，さらに加減乗除を施すことを繰り返して導かれる，次第に大きくなる体の系列

$$\begin{aligned} K_1 &= K_0 \text{ にあるベキ根 } \alpha \text{ をつけ加え,} \\ & \qquad \text{加減乗除を施して得られる体} \\ &= K_0(\alpha), \\ K_2 &= K_1 \text{ にあるベキ根 } \beta \text{ をつけ加え,} \\ & \qquad \text{加減乗除を施して得られる体} \\ &= K_1(\beta), \\ & \cdots\cdots\cdots\cdots, \\ K_T &= K_{T-1} \text{ にあるベキ根 } \gamma \text{ をつけ加え,} \\ & \qquad \text{加減乗除を施して得られる体} \\ &= K_{T-1}(\gamma) \end{aligned}$$

を考えることができる．そして「方程式が解ける」とは，最後の体 K_T がすべての解を含むこと，記号的に書けば

$$\alpha_1, \alpha_2, \cdots, \alpha_n \in K_T \qquad \cdots (\#1)$$

が成り立つことである．このように「体の拡大」がカギになるのである．

K_j と K_{j+1} の関係は，さらに詳しく言うと，次のようになる．

$$K_{j+1} = K_j(\alpha), \quad \text{ただし } \alpha \text{ はある } c \in K_j \text{ の } p \text{ 乗根で,}$$
α は K_j には属していない（$\alpha \in K_j$ では，付け加える意味がない）.

$c \in K_j$ の p 乗根 α は $X^p - c = 0$ の解である．多項式 $X^p - 1$ は既約では
ないが，多項式環 $K_j[X]$ の中での既約多項式の積に分解すると，α はその
中のある既約な因数 $g(X)$ を 0 にする：

$$f(X) = g(X)h(X), \quad g(X) \text{ は既約で } g(\alpha) = 0$$

そこで第 4 章の結果がぴったり使えるのである！

$$K_{j+1} = K_j(\alpha) = K_j[\alpha] \cong K_j[X]/(g(X))$$

(C) 方程式論の発展

方程式論は歴史的には，次のように進行した．

- **(C1) 1 次方程式，2 次方程式の解法：** これは古代バビロニアで，紀元前 10 世紀にはすでに解かれていた．
- **(C2) 3 次・4 次方程式の解法：** これは 16 世紀数学の勝利で，シピオーネ・デル・フェッロ，ニッコロ・タルターリア，ジロラモ・カルダノらの研究でまず 3 次方程式が解かれ，カルダノの弟子のロドヴィコ・フェラーリによって 4 次方程式も解けた．
- **(C3) 5 次以上の方程式の解法：** 多くの数学者が挑んだが，みな失敗した．結論を言えば「代数的には解けない」ためであった．しかし解ける場合には「こうやれば解ける」という 1 つのやりかたを具体的に示せばよいが，「どうやっても解けない」ことを証明するには，ありとあらゆるやりかたを分析・整理する理論的な枠組みが必要である．それは次のような順序で実現された（表現は現代風に直して述べる）．

補題（アーベル） 代数的に解けるための条件 (#1) は，次の条件におきかえてよい：

$$K_T = \mathbb{Q}(\alpha_1, \alpha_2, \cdots, \alpha_n)$$

これは「途中で使われるベキ根は，すべて解の有理式で表せる」とも言える．

定理（アーベル） 5次以上の代数方程式を，代数的に解く一般解法は存在しない．

この補題のアーベルによる証明はきわめてむずかしいが，定理の証明は意外なくらい簡単である（といっても"対称式・交代式"や置換群についての細かい知識が必要である）．

その後ガロアが，体

$$K_0, K_1, K_2, \cdots, K_T$$

に，次のような同型写像の集合を対応させた：

$$G_j = 体 K_T の，すべての K_j 自己同型写像の集合$$

注意 「自己同型写像」については，149ページ以下を参照．

Φ, Ψ が K_j 自己同型写像なら，合成関数 $\Phi \cdot \Psi$ も K_j 自己同型写像になるので，集合 G_j は合成"・"を積とする群になる．これを**ガロア群**という．ガロアはこうしてできる「縮小する群の系列」

$$G_0, G_1, G_2, \cdots, G_T$$

に注目し，群 G_{j+1} が群 G_j の正規部分群になることを証明し，群 G_0 の

構造を調べるだけで「方程式が解けるか解けないか」を一般的に判定できる理論（ガロア理論）を作り上げた．その理論によれば，むずかしかったアーベルの補題の証明もだいぶ見通しがよくなる．しかしそれをわかりやすく説明するにはさらに1冊の本が必要なので，本書ではここまでにしておく．

あとがき

　本書の執筆依頼を受けて，私は実は迷った．私自身は，代数が専門ではなく，「群・環・体」という標題の講義も受け持ったことがない．修士までトポロジーを勉強してから情報科学のほうに転じてしまい，しかも最近はアルゴリズム理論にかかわっているので，代数系の方面にはすっかりご無沙汰している．しかしせっかくの機会であるからと，私なりに方針を考えた．そこでめざしたのが，

> 本書で学ぶ人を「包丁研ぎ」に終わらせず，
> 達成感を味わっていただくために，
> 最終目標を「代数的方程式の解法とガロア理論」におく

ということであった．しかしこれはやはり大物で，置換群の性質のかなり細かいところまで述べておかないといけないし，対称式・交代式の話もしておいたほうがよい．さらに……という調子で，含めるべき事項が山ほどあり，一応最後まで書いてはみたものの，与えられたページ数の中に収めるために，定義・定理・証明の羅列という，本格的な数学教科書のスタイルになってしまった．それは本シリーズ「なっとくする……」の趣旨に反する，という担当の編集者・慶山篤さんのご指摘もあり，相談の上，それはあきらめて，「まえがき」に書いたように「群・環・体を道具として使う人々」に読みやすいことをめざして，書き直すことにした．
　そのようなスタイルに切り替えてはみたものの，「華やかな話題」や「おもしろい雑談」をそれほどたくさんは含められなかったのは私の未熟なところであるが，「代数方程式の解法」はまったく切り捨てるには忍びず，付録に入口の要点だけ残すことにした．

「包丁研ぎ」の段階で，私が書く立場になってあらためて考えて気がついたのは，学生のときに弥永昌吉・小平邦彦『現代数学概説Ⅰ』（188ページに参考書［4］として挙げた）で学んだ

　　演算と同値関係の両立性

の概念の有効性である．これによって，群で言えば「正規部分群」の概念，環で言えばイデアルの概念が，「天から降ってくるような，わけのわからない概念」ではなく，必然性のある概念として，説明できるではないか！　そこがうまく強調できていたかどうか，少し心配なところもあるが，世の中に今流布しているほかの本に比べて，いくらか特色は出せたのでは，と希望している．

　上にも名前が出たが，講談社サイエンティフィクの担当編集者・慶山篤さんは，この企画を持ち込まれ方針について率直な意見を出されただけでなく，原稿の細かいところについても，私の筆が滑ったようなところをよく指摘され，改良の手助けをしてくださった．本書がこの形にまとめられたのは慶山さんの功績なので，ここにお礼を申し上げたい．

参考文献

(A) 入門書

実は私はあまりよく知らないので，ほかにもよい本はあるに違いないが，管見の中から挙げてみると次のようなところである．

[1]　新妻弘・木村哲三『群・環・体 入門』共立出版（1999）

実際の授業の経験に基づいて書かれた，おそらく標準的な教科書．整数論ではオイラー関数やメビュース関数と反転公式まで書かれているし，群論も「有限生成アーベル群の基本定理」など，本書で取り上げなかった話題がカバーされている．しかしフロベニウスの定理は含まれていない．

[2]　永尾汎『代数学』朝倉書店（1990）

本書よりレベルは高くなるが，標準的な教科書と思われる．ほぼ同じ範囲を，より深く扱っている．

[3]　渡辺敬一・草場公邦『代数の世界』朝倉書店，すうがくぶっくす 13（1994）

計算技術や理念・イメージよりも「基本理論」に重点を置いているが，私が書きたかった「群・環・体から代数方程式論，ガロア理論（著者たちの表記ではガロワ理論）まで」を扱っていて，内容豊富でしかも演習問題もたくさんつけられている，しっかりした本である（索引を除き 282 ページ）．けっしてやさしくはないと思うが，がんばって読みこなせば「著者・読者双方の至福となる」（齋藤正彦）ことはまちがいない．

[4]　弥永昌吉・小平邦彦『現代数学概説 I』岩波書店（1961）

　私が学生のころに（一部だけ）読んで大いに勉強になった本で，602 ページの大著であるが，前の 3 分の 1 ぐらい（202 ページ）が集合と群・環・体にあてられている．そのあと代数系の一般論や加群の詳論，2 次形式，複体とホモロジー代数まで含まれている．今は絶版で手に入りにくいかもしれないが，「あとがき」に書いたようなこともあり，名前だけはぜひ挙げておきたい．

[5]　佐武一郎『代数学への誘い』遊星社（1996）

　異色の入門書で，ツルカメ算に始まり，あちこちで「数学の学びかた」に触れながら，抽象代数学に興味をもっている一般読者を双対性，ガロア理論，2 次体の整数論など，高いレベルまで誘い出してくれる．全部がすらすら読める本ではないだろうが，156 ページ・1800 円という手軽さで，時間をかけて読み通せば収穫は大きい，と思う．

Ⓑ 特殊なもの，高度なもの

★整数論について：

[6]　遠山啓『初等整数論』日本評論社（1996）
[7]　高木貞治『初等整数論講義』共立出版（1931）

★古典的な代数方程式論について：

[8]　高木貞治『代数学講義』共立出版（1948）

　ここにはガロア理論は含まれていないが，アーベルによる「5 次以上の方程式は，代数的には解けない」ことの，アーベルによる証明がのっている．

★ガロア理論について：

[9]　弥永昌吉『ガロアの時代 ガロアの数学〈第二部・数学篇〉』シュプ

リンガー・フェアラーク東京（2002）

ていねいな叙述で，私がガロア理論を書くために参照した本の中で，これがいちばん役に立った．「アーベルの補題」の証明も，「5次以上の交代群は単純群である」という有名な定理の証明も，きちんと述べられている．

索引

あ行

アーベル　181, 182
余り　92
位数　160
位相幾何学　48
一意可能性　19, 116, 120
1次の不定方程式　28
1次方程式　181
1対1　12, 14
一般の群　70
イデアル　123, 124
因数　93
因数分解　93
Hを法として合同　78
X上の置換　53
n次の対称群　61
mを法として合同　31
エラトステネスの篩　17
エルランゲン計画　49
演算　62
演算記号　71

か行

解と係数の関係　178
可換群　73
加減乗除　90
加法　95, 96
加法についての逆元　96
ガロア群　182
環　94, 95
環準同型写像　130
関数　8

関数関係　9
関数値　9
環の拡大　129
環の公理　96
簡約法則　16, 54, 74, 103
逆演算　72
逆関数　14
逆元　72, 75, 96, 104
逆元の一意性　75
既約多項式　94
逆置換　14, 54
$\mathbb{Q}$を動かさない自己同型写像（$\mathbb{Q}$自己同型写像）　150
空集合　2
群　71
群の公理　71
結合法則　11, 54, 72, 95, 96
原始根　164
交換法則　73, 95, 96
合成関数　11
合成数　17, 31
合同　31, 47, 78
恒等関数　14
合同式　31, 32
恒等置換　14, 54
公倍元　101
公倍数　20
公約元　101
公約数　19
5次以上の方程式　181

さ行

最小公倍元　107

最小公倍数　20
最小非負剰余　23
最大公約元　107
最大公約数　19
3次方程式　181
自己同型写像　141, 149, 150
自然数　16
集合　1, 2
集合算　4
集合とその記法　1
巡回群　164
準同型　129
準同型写像　83
準同型定理　86
商　23, 92
商環　123, 126, 167
商環による体の拡大　152
商群　83
乗算についての簡約法則　103
乗法についての逆元　104, 136
剰余類　39
剰余類系　43
初等整数論　16
推移性　33, 56
整域　103
正規部分群　76, 82
整数　22
積　5
積集合　5
素因数分解　19
属していない　2
属している　2
素元　101
素元分解　116, 120
素元分解の一意可能性　120
素数　17

た行

体　97, 104, 136
対応もれ　12, 14

体準同型写像　140
対称式　61
対称性　33, 56
代数学の基本定理　177
代数系　70
代数的解法　179
代数方程式　177
体同型写像　140
体の基本性質　137
体の準同型　139
体の同型　139
代表系　43
互いに素　20, 107
高さ　107
多項式　90
単位群　74
単位元　72, 95, 96
単位元の一意性　75
単元　100
単項イデアル　124
単項演算　71
単数　24
単調増加　11
値域　9
置換　14
置換群　58, 60
直積　5
定義域　9
同一視する　145
同型　84
同型写像　84, 130
同値関係　37, 38, 56, 58
同値類　38, 39
同値類系　37, 38, 39, 40, 52, 79
特殊な環　102
閉じている　62, 73

な行

2項演算　71
2項関係　38

2次方程式　181

は行

倍元　99
倍数　16, 23
パラメータ　30
反射性　33, 56
標数　161
不定方程式　28, 108
部分群　76, 77
部分集合　2
フロベニウス　69
分数の体　141
分配法則　96
変換　47, 52
変換群　49
変数値　9

ま行

モニックな多項式　94

や行

約元　99

約数　16, 23
有限集合　5
有限体　160, 167, 173
有理式体　145
有理数　144
ユークリッド整域　106
ユークリッドの互除法　25, 26, 108
要素　2, 5
要素の位数　162
要素の添加による拡大　147
4次方程式　181

ら行

ラグランジュ　80
両立する　40
類別　126
零因子　103

わ行

和　4
和集合　4
割り切れる　99

著者紹介

野﨑昭弘（のざきあきひろ）

1936年，横浜市生まれ．東京大学理学部数学科卒業，同大学院数物系研究科修了．電電公社（現NTT）電気通信研究所，東京大学教養学部，同理学部，山梨大学工学部，国際基督教大学教養学部，大妻女子大学社会情報学部，サイバー大学IT総合学部を経て，現在，大妻女子大学名誉教授．専門はアルゴリズム理論，多値論理学．著書に，『詭弁論理学』（中公新書），『離散系の数学』（近代科学社），『不完全性定理』（ちくま学芸文庫），『離散数学「数え上げ理論」』（講談社ブルーバックス），『πの話』（岩波現代文庫）など多数．

NDC411　198p　21cm

なっとくシリーズ
なっとくする群・環・体（ぐん・かん・たい）

2011年2月25日　第1刷発行
2017年7月6日　第5刷発行

著　者	野﨑昭弘（のざきあきひろ）
発行者	鈴木　哲
発行所	株式会社講談社
	〒112-8001　東京都文京区音羽2-12-21
	販売　（03）5395-4415
	業務　（03）5395-3615
編　集	株式会社講談社サイエンティフィク
	代表　矢吹俊吉
	〒162-0825　東京都新宿区神楽坂2-14　ノービィビル
	編集　（03）3235-3701
印刷所	株式会社平河工業社
製本所	株式会社国宝社

落丁本・乱丁本は，購入書店名を明記のうえ，講談社業務宛にお送りください．送料小社負担でお取り替えいたします．なお，この本の内容についてのお問い合わせは講談社サイエンティフィク宛にお願いいたします．定価はカバーに表示してあります．

© Akihoro Nozaki, 2011

本書のコピー，スキャン，デジタル化等の無断複製は著作権法上での例外を除き禁じられています．本書を代行業者等の第三者に依頼してスキャンやデジタル化することはたとえ個人や家庭内の利用でも著作権法違反です．

[JCOPY]〈㈳出版者著作権管理機構委託出版物〉

複写される場合は，その都度事前に㈳出版者著作権管理機構（電話03-3513-6969, FAX 03-3513-6979, e-mail: info@jcopy.or.jp）の許諾を得てください．

Printed in Japan

ISBN 978-4-06-154572-4

講談社の自然科学書

微分積分学の史的展開　ライプニッツから高木貞治まで	高瀬正仁／著	本体 4,500 円
超ひも理論をパパに習ってみた　天才物理学者・浪速阪教授の 70 分講義	橋本幸士／著	本体 1,500 円
タイム・イン・パワーズ・オブ・テン　G.トホーフトほか／著	東辻千枝子／訳	本体 5,500 円
明解量子重力理論入門　吉田伸夫／著		本体 3,000 円
明解量子宇宙論入門　吉田伸夫／著		本体 3,800 円
完全独習現代の宇宙論　福江純／著		本体 3,800 円
完全独習現代の宇宙物理学　福江純／著		本体 4,200 円
完全独習相対性理論　吉田伸夫／著		本体 3,600 円
ひとりで学べる一般相対性理論　唐木田健一／著		本体 3,200 円
なっとくシリーズ		
なっとくするフーリエ変換　小暮陽三／著		本体 2,700 円
なっとくする複素関数　小野寺嘉孝／著		本体 2,300 円
なっとくする微分方程式　小寺平治／著		本体 2,700 円
なっとくする行列・ベクトル　川久保勝夫／著		本体 2,700 円
なっとくする数学記号　黒木哲徳／著		本体 2,700 円
なっとくする集合・位相　瀬山士郎／著		本体 2,700 円
なっとくするオイラーとフェルマー　小林昭七／著		本体 2,700 円
なっとくする偏微分方程式　斎藤恭一／著　武曽宏幸／絵		本体 2,700 円
なっとくする数学の証明　瀬山士郎／著		本体 2,700 円
今日から使えるシリーズ		
今日から使える微分方程式　飽本一裕／著		本体 2,300 円
今日から使えるフーリエ変換　三谷政昭／著		本体 2,500 円
今日から使える統計解析　大村平／著		本体 2,300 円
今日から使える複素関数　飽本一裕／著		本体 2,300 円
今日から使えるラプラス変換・z 変換　三谷政昭／著		本体 2,300 円
今度こそわかるシリーズ		
今度こそわかる論理　数理論理学はなぜわかりにくいのか　本橋信義／著		本体 2,700 円
今度こそわかるゲーデル不完全性定理　本橋信義／著		本体 2,700 円
今度こそわかる P ≠ NP 予想　渡辺治／著		本体 2,800 円
今度こそわかるファインマン経路積分　和田純夫／著		本体 3,000 円

※表示価格は本体価格（税別）です。消費税が別に加算されます。　　「2017 年 7 月現在」

講談社サイエンティフィク　http://www.kspub.co.jp/